数据库原理与应用

主　编　高志荣

副主编　徐　科　帖　军

参　编　徐胜舟

北京理工大学出版社

BEIJING INSTITUTE OF TECHNOLOGY PRESS

内 容 简 介

本书从数据库基础知识和应用实践的角度出发，旨在帮助读者建立对数据库概念、原理和操作的全面理解。全书共 8 章，从数据库的基本概念入手，逐步介绍了关系数据模型、SQL 的基本语法和应用、关系数据理论、数据库设计的方法和技巧，此外还介绍了事务的概念和管理方法、数据库安全性措施和策略，以及数据库发生故障时的恢复方法。本书每章后均配有习题，以指导读者深入地进行学习。

本书既可作为高等学校计算机类各专业的课程教材，也适合作为数据库初学者和希望深入了解数据库原理和应用的读者的阅读书籍，还可作为管理信息系统开发人员的技术参考书。

图书在版编目（CIP）数据

数据库原理与应用／高志荣主编. －－北京：北京理工大学出版社，2025. 1.

ISBN 978－7－5763－4670－1

Ⅰ. TP311.13

中国国家版本馆 CIP 数据核字第 2025A5L966 号

责任编辑：李　薇　　　文案编辑：李　硕
责任校对：刘亚男　　　责任印制：李志强

出版发行 / 北京理工大学出版社有限责任公司

社　　址 / 北京市丰台区四合庄路 6 号

邮　　编 / 100070

电　　话 / (010) 68914026（教材售后服务热线）
　　　　　　　(010) 63726648（课件资源服务热线）

网　　址 / http://www.bitpress.com.cn

版 印 次 / 2025 年 1 月第 1 版第 1 次印刷

印　　刷 / 涿州市京南印刷厂

开　　本 / 787 mm×1092 mm　1/16

印　　张 / 13

字　　数 / 305 千字

定　　价 / 89.00 元

前言

PREFACE

在当今信息时代，数据库应用技术已经成为计算机应用的重要组成部分。特别是随着大数据时代的到来，数据库课程不仅是计算机专业的必修课程，也逐渐成为高等教育非计算机专业的重要课程之一。数据库技术的应用范围广泛，它对于提高数据管理效率、支持决策分析和促进信息共享具有重要意义。

本书系统地介绍了数据库的基础理论知识和实践应用，包括 SQL 的应用、数据库设计、事务管理、数据库安全性和数据库恢复技术等内容。全书共 8 章，循序渐进地介绍了数据库的基本概念和发展历程、关系数据库、SQL、关系数据理论、数据库设计、事务管理、数据库安全性和数据库恢复技术，读者可以全面了解数据库的核心概念和操作方法。

本书编写的目的是为读者提供一份全面而实用的数据库学习指南，帮助他们深入理解数据库并掌握数据库的实际应用技能。本书的写作思路注重理论与实践相结合，旨在激发读者的创新思维，培养他们的数据库管理能力和解决问题的能力。

本书适合数据库初学者及希望深入了解数据库领域的读者。通过对本书的学习，读者可以掌握数据库基础知识和操作技能，为未来的学习和工作打下坚实的基础。

目前，我国高等教育教学现状显示，数据库技术的重要性日益突出，因此本书的编写旨在满足读者对数据库知识的需求，帮助他们提升自己的技能水平。本书每章后均附有习题，以帮助读者巩固所学知识，检验学习效果。此外，为方便教师使用本书进行教学工作，编者还准备了教学辅导资源，包括电子教案和实例数据库等，以提供更全面的教学支持。

在本书的编写过程中，编者们分工合作，各自负责不同章节的内容。帖军负责统稿，徐科编写第 6 章，徐胜舟编写第 7 章，其他章节由高志荣编写。在此，感谢所有参与本书编写的老师们的辛勤付出和宝贵经验，另外还要感谢北京理工大学出版社有限责任公司的编辑的悉心策划和指导。

本书的内容注重理论与实践相结合、创新思维的培养、解决问题能力的培养等。这些理念将贯穿整本书，帮助读者在学习过程中培养综合素质和实践能力。

由于编者水平有限，书中可能存在疏漏和不足之处，恳请读者批评指正，以便于进一步修改和完善本书。希望本书能够成为读者学习数据库知识的有力工具，为他们的学习和职业发展提供支持和帮助。如有任何问题或建议，欢迎通过邮箱 gaozhirong@ mail. scuec. edu. cn 与编者进行联系。

编　者

2024 年 11 月 7 日

目 录

CONTENTS

第1章 概述 …………………………………………………………………… 001

1.1 数据库系统概述 …………………………………………………… 002

1.1.1 数据、数据库、数据库管理系统、数据库系统 ………… 002

1.1.2 数据管理技术的产生和发展 …………………………… 004

1.1.3 数据库系统的特点 ……………………………………… 006

1.2 数据模型 …………………………………………………………… 009

1.2.1 数据模型的组成要素 …………………………………… 009

1.2.2 概念模型 ………………………………………………… 010

1.2.3 逻辑模型 ………………………………………………… 014

1.2.4 物理模型 ………………………………………………… 017

1.3 数据库系统结构 …………………………………………………… 018

1.3.1 数据库系统的三级模式结构 …………………………… 019

1.3.2 数据库的二级映像功能与数据的独立性 ……………… 019

1.4 数据库新技术及其发展趋势 ……………………………………… 021

1.5 小结 ………………………………………………………………… 025

第2章 关系数据库 ………………………………………………………… 029

2.1 关系数据结构及其形式化定义 …………………………………… 029

2.1.1 关系数据结构 …………………………………………… 030

2.1.2 关系模式 ………………………………………………… 031

2.1.3 关系数据库 ……………………………………………… 032

2.2 关系的完整性 ……………………………………………………… 033

2.2.1 实体完整性 ……………………………………………… 033

2.2.2 参照完整性 ……………………………………………… 034

2.2.3 用户定义的完整性 ……………………………………… 034

2.3 关系代数 ·· 035

  2.3.1 关系代数运算符 ·· 035

  2.3.2 传统的集合运算 ·· 036

  2.3.3 专门的关系运算 ·· 037

2.4 关系代数表达式的等价变换 ·· 041

  2.4.1 关系代数表达式的基本形式 ·· 041

  2.4.2 关系代数表达式的等价变换规则 ·· 042

2.5 小结 ·· 043

第3章 关系数据库标准语言 SQL ·· 047

3.1 SQL 概述 ·· 047

  3.1.1 SQL 的发展历程 ·· 048

  3.1.2 SQL 的标准 ·· 048

  3.1.3 SQL 的基本概念 ·· 049

  3.1.4 SQL 的特点 ·· 050

3.2 数据定义 ·· 052

  3.2.1 CREATE 语句 ·· 052

  3.2.2 ALTER 语句 ··· 057

  3.2.3 DROP 语句 ··· 059

3.3 数据查询 ·· 060

  3.3.1 单表查询 ··· 061

  3.3.2 连接查询 ··· 065

  3.3.3 嵌套查询 ··· 068

  3.3.4 集合查询 ··· 071

3.4 数据更新 ·· 073

  3.4.1 INSERT 语句 ··· 074

  3.4.2 UPDATE 语句 ·· 075

  3.4.3 DELETE 语句 ··· 076

3.5 索引和视图 ·· 077

  3.5.1 索引概述 ··· 077

  3.5.2 视图概述 ··· 080

  3.5.3 索引和视图的设计及优化 ·· 086

3.6 小结 ·· 087

第4章 关系数据理论 ·· 092

4.1 规范化问题的提出 ·· 093

  4.1.1 关系数据库的规范化理论 ·· 093

  4.1.2 引例 ··· 094

4.2　数据依赖 ··· 095

　　4.2.1　函数依赖 ·· 095

　　4.2.2　码的概念 ·· 097

4.3　规范化 ··· 098

　　4.3.1　范式 ·· 098

　　4.3.2　2NF ··· 099

　　4.3.3　3NF ··· 100

　　4.3.4　BCNF ··· 101

　　4.3.5　多值依赖 ·· 101

　　4.3.6　4NF ··· 102

　　4.3.7　规范化小结 ··· 102

4.4　数据依赖的公理系统 ·· 104

　　4.4.1　Armstrong 公理及其正确性 ·· 104

　　4.4.2　Armstrong 公理推论及闭包 ·· 105

　　4.4.3　Armstrong 公理的有效性和完备性 ··· 106

　　4.4.4　函数依赖集 ··· 106

4.5　模式的分解 ·· 108

　　4.5.1　模式分解的 3 个定义 ··· 108

　　4.5.2　无损连接性及其判别 ·· 110

4.6　小结 ·· 112

第5章　数据库设计 ··· 116

5.1　数据库设计的基本概念 ·· 117

　　5.1.1　数据库设计的过程 ··· 117

　　5.1.2　数据库设计的原则 ··· 117

5.2　需求分析 ··· 119

5.3　概念结构设计 ··· 121

　　5.3.1　概念结构 ·· 121

　　5.3.2　实体-关系模型 ··· 123

　　5.3.3　概念结构设计的方法与步骤 ·· 127

5.4　逻辑结构设计 ··· 130

　　5.4.1　E-R 图向关系模型的转换 ··· 130

　　5.4.2　数据模型的优化 ·· 133

　　5.4.3　设计用户子模式 ·· 133

5.5　物理结构设计 ··· 135

　　5.5.1　物理结构设计的内容和步骤 ·· 135

　　5.5.2　物理结构设计的评价 ·· 136

5.6　数据库的实施和维护 ·· 137

5.6.1 数据库的实施 ·································· 137

5.6.2 数据库的维护 ·································· 138

5.7 小结 ·· 139

第6章 事务管理 ···································· 143

6.1 事务的基本概念 ······························ 144

6.1.1 事务的特性 ···································· 144

6.1.2 事务的并发问题 ································ 145

6.2 事务管理的方法 ······························ 147

6.2.1 事务的隔离级别 ································ 147

6.2.2 事务管理的构成 ································ 148

6.3 并发控制 ···································· 150

6.3.1 并发控制概述 ·································· 151

6.3.2 封锁 ·· 153

6.3.3 封锁协议 ······································ 154

6.3.4 活锁和死锁 ···································· 157

6.3.5 并发调度的可串行性 ···························· 159

6.3.6 两段锁协议 ···································· 160

6.3.7 封锁粒度 ······································ 161

6.4 小结 ·· 163

第7章 数据库安全性 ······························ 166

7.1 数据库安全的基本概念 ························ 167

7.1.1 数据库安全威胁 ································ 168

7.1.2 数据库安全策略 ································ 169

7.2 用户管理 ···································· 171

7.2.1 用户身份验证 ·································· 171

7.2.2 用户授权 ······································ 172

7.2.3 用户角色管理 ·································· 173

7.2.4 强制存取控制方法 ······························ 174

7.3 数据加密 ···································· 176

7.4 视图机制 ···································· 177

7.5 审计和监控 ·································· 178

7.6 数据备份和恢复 ······························ 179

7.6.1 数据备份 ······································ 179

7.6.2 数据恢复 ······································ 180

7.7 小结 ·· 181

第 8 章　数据库恢复技术 ··· 183

　8.1　数据库恢复技术概述 ··· 184

　8.2　故障的种类 ··· 184

　8.3　恢复机制 ··· 186

　　8.3.1　数据库转储 ·· 186

　　8.3.2　登记日志文件 ·· 188

　8.4　恢复策略 ··· 190

　　8.4.1　事务故障的恢复 ·· 190

　　8.4.2　系统故障的恢复 ·· 190

　　8.4.3　介质故障的恢复 ·· 190

　8.5　具有检查点的恢复技术 ··· 191

　8.6　数据库镜像 ··· 194

　8.7　小结 ··· 195

参考文献 ··· 197

在当今数据驱动的时代，数据库系统作为信息管理的核心，显得越发重要。本章我们将深入探讨数据库系统的基本概念、数据模型、系统结构及其技术发展趋势。在学习过程中，我们可能会遇到如何高效管理数据、保障数据安全等问题。同时，我们要了解数据库行业的前沿动态，如云计算、大数据等技术的融合应用。在学习过程中，我们要不断追求卓越、探索创新的数据库技术，培养严谨的数据思维，体现科学精神与工匠精神，以适应快速发展的信息化社会。

第 1 章

概　　述

【学习目标】

（1）理解数据库系统的 4 个概念及其联系。

（2）掌握数据模型的组成要素，理解并掌握 3 种数据模型，包括概念模型、逻辑模型和物理模型的概念、特点和意义。

（3）理解数据库系统的三级模式结构和二级映像功能。

【学习难点】

（1）3 种数据模型的概念，以及其在数据库系统中的地位。

（2）数据库的二级映像功能，以及数据的逻辑独立性和物理独立性。

【素养目标】

（1）培养对数据的理解和分析能力，提高数据思维水平。

（2）培养抽象建模能力，能够将实际问题抽象成数据库模型，并进行数据库设计和管理。

（3）培养创新意识，激发对数据库系统的应用和发展的兴趣，提高实际应用能力。

（4）数据库系统涉及计算机科学、数学、工程等多个学科领域，学习数据库有助于培养跨学科综合应用能力。

1.1 数据库系统概述

1.1.1 数据、数据库、数据库管理系统、数据库系统

1. 数据

（1）数据的定义。

数据是描述事物特征的符号记录。例如，一个人的姓名、年龄、地址等都可以作为数据。在计算机科学和信息技术领域，数据通常指的是以数字、文本、图像、音频、视频、记录等形式存储的信息。

（2）数据的形式。

数据可以是结构化的（如数据库中的表格数据）、半结构化的（如 XML 文件中的数据）或非结构化的（如文本文件中的自由文本）。数据在现代社会中无处不在，从个人信息到企业运营数据，都是重要的数据资源。

（3）数据的语义。

任意给定一个数据，如果不加以解释，那么就可能造成歧义。例如，数据 100 既可以代表某试卷的总分，也可以是某个商品的编号，还可以是一串二进制符号。因此，必须对数据赋予一定的含义，数据的含义称为数据的语义，数据与其语义是不可分的。

2. 数据库

（1）数据库的定义。

数据库（DataBase，DB）是按照数据结构来组织、存储和管理数据的仓库。例如，MySQL、Oracle 等都是常见的数据库软件。严格来说，**数据库**是指长期存储在计算机内，由有组织、可共享的大量数据构成的集合。

（2）数据库的类型。

数据库可以分为**关系数据库**和**非关系数据**库两大类。

关系数据库是一种常见的数据库类型，用于存储结构化的数据，这种数据库通常包含多个关系，每个关系都是一张规范化的二维表格。常见的关系数据库有 SQL Server、MySQL、Oracle 等。

非关系数据库存储的是非结构化或半结构化的数据，如文本、图像、音频、视频等。常见的非关系数据库有 MongoDB、Redis、HBase、Neo4j 等。

无论哪一种类型的数据库，都是为了持久化地存储数据，以便应用程序可以方便地访问和处理数据。数据库应能为数据提供安全性、完整性和并发控制等机制。

（3）数据库的特点。

根据数据库的定义，可以发现，数据库中的数据具有**永久存储**、**有组织**、**可共享**等基本特点，正是这些特点为数据的存储、组织和管理提供了便利。

3. 数据库管理系统

数据库管理系统（DataBase Management System，DBMS）是一种用于管理数据库的软件

系统，它提供了对数据的高效管理和访问功能。DBMS 的主要功能包括数据定义功能，数据组织、存储和管理，数据操纵功能，数据库的事务管理和运行管理，数据库的建立和维护功能，以及其他功能。

（1）数据定义功能。

DBMS 提供了数据定义语言（Data Definition Language，DDL），用于定义数据库中的数据结构，包括表的创建、修改和删除，索引的创建和管理，数据约束的定义等。DDL 使用户可以描述和定义数据库中的数据模型，确保数据结构的一致性和完整性。

（2）数据组织、存储和管理。

DBMS 负责将数据组织、存储在物理存储介质上，包括磁盘、内存等。它用来管理数据的存储结构，包括表空间的管理、数据文件的管理、数据页的管理等，以确保数据的高效存储和访问。

（3）数据操纵功能。

DBMS 提供了数据操纵语言（Data Manipulation Language，DML），用于查询、插入、更新和删除数据。DML 允许用户对数据库中的数据进行各种操作，包括复杂的数据查询和数据更新操作。

（4）数据库的事务管理和运行管理。

DBMS 支持事务的概念，以确保数据库操作的原子性（Atomicity）、一致性（Consistency）、隔离性（Isolation）和持久性（Durability），简称 ACID 特性。它用来管理并发访问，确保多个用户可以同时访问数据库而不会发生数据冲突。

（5）数据库的建立和维护功能。

DBMS 提供了数据库的创建、备份、恢复、性能优化、安全性管理等功能。它用来负责数据库的日常维护和管理，确保数据库的安全、稳定和高效运行。

（6）其他功能。

DBMS 还提供了其他重要功能，如用户管理和权限控制、数据安全性和加密、数据备份和恢复、数据压缩和归档，以及与其他系统集成等功能。

总之，DBMS 是用于管理数据库的软件系统，它提供了丰富的功能来管理和操作数据库，确保数据的安全性、完整性和高效访问。通过 DBMS，用户可以方便地定义、组织、操纵和管理数据库中的数据，从而更好地支持应用程序和业务需求。

4. 数据库系统

数据库系统（DataBase System，DBS）是一个由数据库、数据库管理系统、数据库开发工具、应用系统和数据库管理员等组成的系统。它用于存储、管理和处理组织内部的数据，并为各种应用系统提供数据支持。

前面已经介绍了数据库和数据库管理系统的概念，下面对其他几个组成部分进行介绍。

（1）数据库开发工具。

数据库开发工具是用于创建、设计和维护数据库的软件工具。它包括数据库建模工具、数据库设计工具、查询语言工具、数据管理工具等，用于帮助开发人员创建和管理数据库。

（2）应用系统。

应用系统是利用数据库系统提供的数据支持来实现特定功能的软件系统。它可以是企业资源规划（Enterprise Resource Planning，ERP）系统、客户关系管理（Customer Relationship

Management，CRM）系统、联机事物处理（Online Transaction Processing，OLTP）系统等，利用数据库中的数据来支持业务流程和决策。

（3）数据库管理员。

数据库管理员（DataBase Administrator，DBA）是负责数据库系统的管理和维护的专业人员。他们负责数据库的设计、部署、性能优化、备份和恢复、安全管理等工作，确保数据库系统的稳定运行和数据的安全性。

1.1.2 数据管理技术的产生和发展

数据管理技术的产生和发展经历了人工管理阶段、文件系统阶段和数据库系统阶段。

1. 人工管理阶段

在计算机出现之前，数据管理完全是由人工进行的。数据以纸质形式存储，如文件、档案和记录，管理和检索数据都需要人工操作。这种方式效率低下、容易出错，且不适用于大规模的数据管理。

到了 20 世纪 50 年代中期，计算机行业正处于萌芽阶段，计算机主要用来进行科学计算，还没有类似于磁盘等专门管理数据的存储设备，数据的存储和管理呈现以下特点。

（1）数据不能长期保存。

数据不能长期保存，只是在需要时将数据录入计算机系统。这种方式可能会导致数据录入的错误和延迟，同时增加了数据的重复工作和管理成本。

（2）数据管理难。

数据由应用程序管理，应用程序不仅要规定数据的逻辑结构，还要设计物理结构，包括存储结构、存取方法、输入方式等，程序员任务繁重。

（3）数据冗余度高。

数据是面向应用程序的，一组数据只能对应一个程序。当多个应用程序涉及某些相同的数据时，必须各自定义，无法相互利用、相互共享，数据冗余度高。

（4）数据独立性低。

数据的逻辑结构或物理结构发生变化后，必须对应用程序做相应的修改，加重了程序员的负担。

人工管理阶段应用程序与数据之间的对应关系如图 1.1 所示。

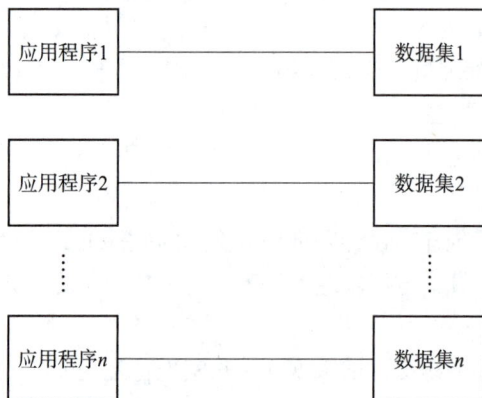

图 1.1 人工管理阶段应用程序与数据之间的对应关系

2. 文件系统阶段

随着计算机技术的发展，硬件方面有了磁盘、磁鼓等存储设备，软件方面有了操作系统和专门的数据管理软件，即文件系统。文件系统通过文件夹和文件的方式组织数据，提供了对数据的组织和存储功能。与人工管理阶段相比，文件系统阶段的数据管理呈现以下特点。

（1）数据可以长期保存。

在文件系统阶段，软、硬件系统提供了一种持久性的存储机制，使数据可以长期存储并且能随时被访问和使用。

（2）数据由文件系统进行管理和组织。

每个数据文件都有其独立的存储位置和命名方式，文件系统提供了对数据的基本管理功能，包括创建、删除、读取和修改等操作，从而实现了对数据的基本管理。

（3）数据共享性差。

在文件系统阶段，文件仍然是面向应用程序的。当不同的应用程序具有部分相同的数据时，也必须建立各自的文件，而不能共享相同的数据，造成数据冗余度高，浪费存储空间。

（4）数据冗余度高。

由于数据存储在各自的文件中，文件系统阶段的数据管理容易出现数据冗余的情况，即相同数据在不同的文件中重复存储，导致数据冗余度高，增加了数据管理和维护的复杂性。

（5）数据独立性低。

当数据的逻辑结构改变时，应用程序也要做相应的修改，而应用程序的改变，也会引起文件数据结构的改变。因此，数据与应用程序之间具有很强关联性，独立性较差。

文件系统阶段应用程序与数据之间的对应关系如图 1.2 所示。

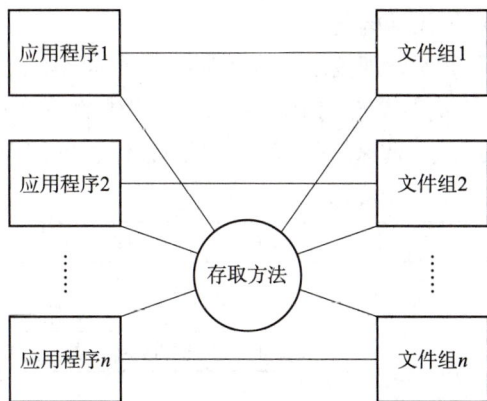

图 1.2 文件系统阶段应用程序与数据之间的对应关系

3. 数据库系统阶段

为了解决文件系统阶段的问题，数据库系统应运而生。数据库系统采用了数据模型、数据结构、数据管理技术和数据操纵语言等，提供了更高效、更安全、更一致的数据管理方式。数据库系统能够实现数据的共享、数据的一致性、数据的完整性和数据的安全性，大大提高了数据管理的效率和质量。

随着计算机技术的不断发展，数据库系统也在不断演进和完善，出现了关系数据库、面向对象数据库、NoSQL 数据库等不同类型的数据库系统，以满足不同领域和不同应用场景的需求。数据管理技术的发展为各行各业提供了更加高效、安全和可靠的数据管理方式，成为现代信息化社会的基础设施之一。

1.1.3 数据库系统的特点

相比于人工管理阶段和文件系统阶段，数据库系统阶段的数据管理具有以下特点。

1. 数据整体结构化

以关系数据库为例，数据库系统中的数据以表格的形式进行结构化存储，每张表都有明确定义的字段和数据类型。这种结构化的特点使数据更容易被组织、管理和分析。

例如，一个公司员工管理系统包括 3 张表：员工信息表、部门信息表、员工考勤表。其数据结构如图 1.3 所示。

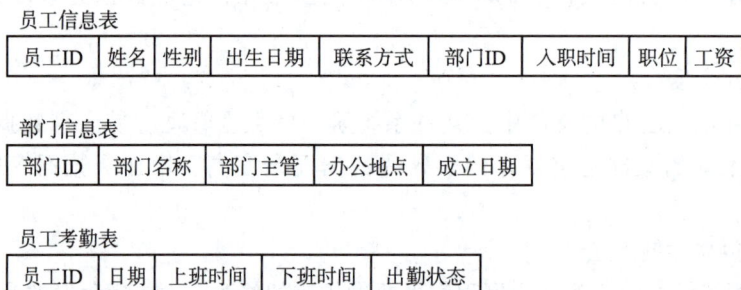

员工信息表

员工ID	姓名	性别	出生日期	联系方式	部门ID	入职时间	职位	工资

部门信息表

部门ID	部门名称	部门主管	办公地点	成立日期

员工考勤表

员工ID	日期	上班时间	下班时间	出勤状态

图 1.3　员工管理系统的数据结构

在文件系统阶段，上述 3 张表的数据分别单独存储在磁盘文件上，相互之间无法关联，数据内部有结构，但数据整体无结构化。

在数据库系统阶段，数据库管理技术可以实现数据整体结构化，如图 1.4 所示。员工的部门 ID 必须是部门信息表中的某个部门 ID，员工考勤表中的员工 ID 也必须是员工信息表中的员工 ID，从整体上将数据统一起来，可以更方便地存储、查询和统计。

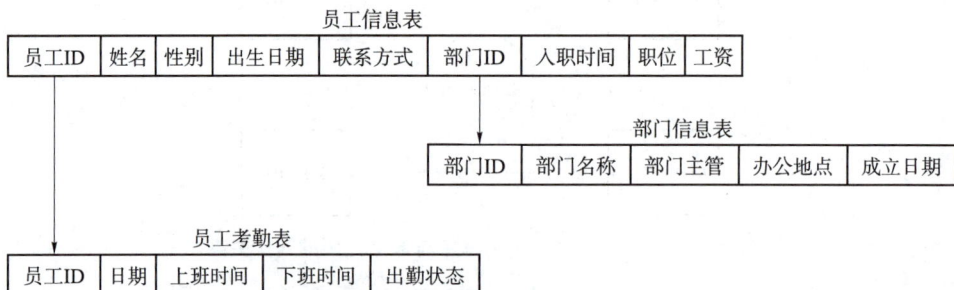

员工信息表

员工ID	姓名	性别	出生日期	联系方式	部门ID	入职时间	职位	工资

部门信息表

部门ID	部门名称	部门主管	办公地点	成立日期

员工考勤表

员工ID	日期	上班时间	下班时间	出勤状态

图 1.4　数据整体结构化

2. 数据的共享性高，冗余度低，易扩充

数据库系统可以实现数据的共享和访问，不同的用户和应用程序可以同时访问和共享数

据库中的数据。例如，一个在线商店的数据库可以被多个部门（如销售、库存、财务等）共同使用，实现数据的共享和协同工作。

在数据库系统中，数据的冗余度通常较低，因为数据的存储是集中管理的，不同的数据之间可以通过关系来进行连接，避免了数据的重复存储。例如，一个学校的学生信息数据库中，学生的基本信息只需要存储一次，不需要在不同的地方重复存储，从而降低了数据的冗余度。

数据库系统能够方便地扩展和增加新的数据，可以通过添加新的表或扩展现有表的字段来满足新的业务需求。例如，一个客户关系管理系统可以很容易地添加新的客户信息字段，以适应业务的发展和扩展。

3. 数据独立性高

数据库系统中的数据独立性高，即数据的存储和应用程序之间是相互独立的。这意味着可以更改数据的存储结构而不影响应用程序的运行，或者更改应用程序而不影响数据的存储。例如，可以通过修改数据库中的表结构，而不需要修改应用程序的代码，从而实现数据独立性。

数据独立性是数据库领域中一个重要的概念，可以分为数据的逻辑独立性和数据的物理独立性两种类型。

（1）数据的逻辑独立性。

数据的逻辑独立性指的是数据库中数据的逻辑结构（如表、视图、索引等）可以被改变而不影响数据的应用程序。也就是说，当数据库中数据的逻辑结构发生变化时，不需要修改已有的应用程序，只需要修改与数据相关的逻辑模式，而不影响数据的应用程序。这种独立性使数据库中数据的逻辑结构可以根据业务需求进行调整和优化，而不会影响现有的应用程序。

（2）数据的物理独立性。

数据的物理独立性指的是数据库中数据的物理存储结构（如存储介质、存储方式、索引方式等）可以被改变而不影响数据的应用程序。也就是说，当数据库中数据的物理存储结构发生变化时，不需要修改已有的应用程序，只需要修改与数据相关的物理模式，而不影响数据的应用程序。这种独立性使数据库中数据的物理存储结构可以根据存储设备的变化或者性能优化的需要进行调整，而不会影响现有的应用程序。

总的来说，数据的逻辑独立性和物理独立性保证了数据库系统中数据存储和数据应用程序之间的相互独立性，使数据的逻辑结构和物理存储结构可以独立于应用程序的变化而进行调整和优化，从而提高了数据库系统的灵活性和可维护性。

4. 数据由 DBMS 统一管理和控制

数据库系统通过 DBMS 进行统一管理和控制，DBMS 提供了对数据的存储、检索、更新和安全控制等功能。例如，MySQL、Oracle 等 DBMS 可以统一管理和控制数据的存储和访问，确保数据的安全性和完整性。

数据库系统阶段应用程序与数据之间的对应关系如图 1.5 所示。

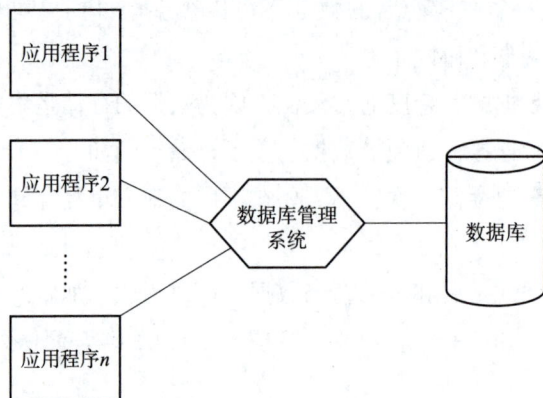

图 1.5　数据库系统阶段应用程序与数据之间的对应关系

![知识拓展图标] **知识拓展**　　　　　　　　　　　　　　　　　　　　　　　　　　>>>

数据库系统被广泛应用于生产和生活的各个行业和领域。

1. 企业管理

数据库被广泛应用于企业管理中，用于存储和管理企业的各种信息，如员工信息、客户信息、订单信息、财务信息等。这些信息是企业运营和决策的基础，通过数据库系统，企业可以实现高效的数据检索、更新和分析。

2. 电子商务

在电子商务领域，数据库用于存储和管理商品信息、订单信息、用户信息等。通过数据库系统，电子商务平台可以实时更新商品库存、跟踪订单状态，并根据用户行为数据进行个性化推荐和营销。

3. 社交网络

社交网络网站依赖数据库来存储和管理用户信息、好友关系、消息等。数据库系统能够高效地处理大量的用户数据和社交关系，提供实时的信息交流和互动功能。

4. 游戏开发

在游戏开发中，数据库用于存储和管理游戏中的角色信息、游戏进度、排行榜等。通过数据库系统，游戏开发者可以实现游戏数据的持久化存储和快速读取，提升用户游戏体验。

5. 医疗保健

数据库在医疗保健领域中用于存储和管理患者的病历、医疗记录、药品信息等。这有助于医疗机构实现电子病历管理、药品库存管理及患者健康信息的跟踪和分析。

6. 政府管理

政府机构利用数据库存储和管理公共信息、人口信息、经济信息等，以支持政策制定、公共服务提供和决策分析。数据库系统可以帮助政府实现数据的整合和共享，提高工作效率和透明度。

7. 科学研究

在科学研究中，数据库用于存储和管理实验数据、研究结果等。通过数据库系统，科研人员可以方便地检索、分析和共享研究数据，促进科学交流和合作。

8. 多媒体应用

数据库还被广泛应用于存储和管理多媒体数据，如声音、图像和视频等。这些数据类型通常需要大量的存储空间和高效的检索机制，数据库系统能够提供相应的解决方案。

随着技术的发展和应用需求的不断增长，数据库系统的应用场景还将继续扩展和深化。

1.2　数据模型

模型是对现实世界或某一特定领域的抽象表示。在计算机科学和信息系统领域，模型通常被用来描述数据、流程、结构或系统的特征和行为。模型可以帮助人们理解现实世界的复杂性，进行分析、设计和预测。

数据模型是对数据、数据结构和数据关系的抽象描述。数据模型可以帮助人们理解数据之间的关系、定义数据的结构和特性，以及描述数据的行为和约束。数据模型是数据库设计和信息系统开发的基础，它定义了数据在系统中的组织方式和使用规则。

数据模型可以分为概念模型、逻辑模型和物理模型 3 种类型。概念模型提供了对数据的高层次抽象描述，逻辑模型将概念模型细化为数据库中的实体和关系，物理模型则定义了数据在计算机系统中的具体存储方式和实现细节。

1.2.1　数据模型的组成要素

数据模型的组成要素包括数据结构、数据操作和完整性约束，它们是数据模型描述和定义数据的重要组成部分，分别描述了系统的静态特性、动态特性和完整性约束条件。

1. 数据结构

数据结构是指用于组织和存储数据的方式或形式，它描述了数据之间的关系和组织方式。常见的数据结构包括关系模型、层次模型、网络模型等。在关系数据库中，数据结构通常以表的形式表示，其中，表的列定义了属性，表的行表示实体的具体实例。

例如，一张员工信息表的数据结构包括员工 ID、姓名、性别、部门 ID 等字段，这些字段之间的关系描述了员工信息的组织方式。

2. 数据操作

数据操作是数据模型中描述数据的访问、查询、更新和管理方式的重要组成部分。数据操作定义了对数据进行的各种操作，包括插入、删除、更新、查询等。在关系数据库中，数据操作通常使用 SQL 来进行，包括 SELECT、INSERT、UPDATE、DELETE 等操作。

例如，通过 INSERT 操作可以向数据库中插入新的数据记录；通过 UPDATE 操作可以修改已有的数据记录；通过 DELETE 操作可以删除数据记录；通过 SELECT 操作可以查询数据记录。

3. 完整性约束

完整性约束是数据模型中描述数据有效性和一致性的重要组成部分。完整性约束定义了数据的有效性规则和约束条件，包括实体完整性、参照完整性、用户定义的完整性等。**实体**

完整性规定了实体的唯一标识和非空约束；**参照完整性**规定了关系之间的引用完整性；**用户定义的完整性**规定了属性值的有效性和范围。完整性约束可以确保数据的一致性和有效性，防止不符合规则的数据被插入或更新到数据库中。

数据结构、数据操作、完整性约束这 3 个组成要素共同构成了数据模型的基本框架，它们描述了数据的组织结构、数据的操作方式和数据的有效性规则，为数据库设计和信息系统开发提供了重要的基础。

1.2.2 概念模型

概念模型是对现实世界中数据和实体之间关系的高层次抽象描述，该类模型中最著名的是实体-关系模型。概念模型描述了系统中的实体、实体之间的关系及实体的属性。概念模型不涉及具体的数据库实现细节，而是关注数据的逻辑结构和语义关系。

1. 信息世界中的基本概念

在信息世界的建模中，可以使用以下基本概念来描述和组织数据。

（1）实体（Entity）。

①定义：实体是现实世界中可以独立存在并且可以被识别的事物、对象或概念，可以在信息系统中进行描述和记录。

②例子：在一个学生信息管理系统中，学生、教师、课程等都可以作为实体。

（2）属性（Attribute）。

①定义：属性是描述实体特征或特性的信息，用于描述实体的各种属性和特征。

②例子：在学生实体中，学生的姓名、学号、性别、出生日期等可以作为学生的属性。

（3）码（Key）。

①定义：码是用于唯一标识实体的属性或属性组合，用于确保实体的唯一性。

②例子：在学生实体中，学号可以作为学生的唯一标识码。

（4）域（Domain）。

①定义：域是属性的取值范围，描述了属性可以取得的值的范围和限制条件。

②例子：在学生实体的出生日期属性中，域可以是日期的范围，如 1900 年至今。

（5）实体型（Entity Type）。

①定义：实体型是具有相同属性的实体的集合，描述了具有相同属性和特征的实体的类型。

②例子：学生实体型包括了所有具有相同属性的学生实体。

（6）实体集（Entity Set）。

①定义：实体集是同一实体型的多个实体的集合，描述了同一实体类型的多个实体的集合。

②例子：所有学生实体构成了学生实体集。

注意：实体型和实体集是两个不同的概念，**实体型**描述了具有相同属性和特征的实体的类型，而**实体集**是同一实体型的多个实体的集合。实体型是对实体的抽象和概括，而实体集是一个个具体的实体的集合。例如，学生（学号，姓名，性别）是学生实体型；而（101，张三，男）、（102，李四，女）、……构成了学生实体集。

（7）联系（Relationship）。

①定义：联系用于描述不同实体之间的关系。

②例子：学生和课程之间可以有选课关系；教师和课程之间可以有讲授关系。

以上这些基本概念构成了信息世界的建模基础，帮助我们描述和组织现实世界中的信息，并在信息系统中进行有效的管理和操作。

2. 两个实体型之间的联系

在信息世界建模中，两个实体型之间可以存在 3 种不同类型的联系，分别是一对一联系、一对多联系和多对多联系。

（1）一对一联系（One-to-One Relationship）。

①描述：如果对于实体集 A 中的每一个实体，实体集 B 中至多有一个（也可以没有）实体与之联系，反之亦然，则称实体集 A 与实体集 B 具有一对一联系，记为 $1:1$。

②例如：在一个公司的员工信息系统中，每个员工只有一份健康档案，而每份健康档案也只属于一个员工。

（2）一对多联系（One-to-Many Relationship）。

①描述：如果对于实体集 A 中的每一个实体，实体集 B 中有 n 个实体（$n \geq 0$）与之联系，反之，对于实体集 B 中的每一个实体，实体集 A 中至多只有一个实体与之联系，则称实体集 A 与实体集 B 具有一对多联系，记为 $1:n$。

②例如：在学校的教师和课程信息系统中，一个教师可以讲授多门课程，而每门课程只能由一个教师讲授。

（3）多对多联系（Many-to-Many Relationship）。

①描述：如果对于实体集 A 中的每一个实体，实体集 B 中有 n 个实体（$n \geq 0$）与之联系，反之，对于实体集 B 中的每一个实体，实体集 A 中也有 m 个实体（$m \geq 0$）与之联系，则称实体集 A 与实体集 B 具有多对多联系，记为 $m:n$。

②例如：在图书馆的图书和借阅者信息系统中，一本图书可以被多个借阅者借阅，而一个借阅者也可以借阅多本图书。

这些不同类型的联系描述了实体型之间的不同关联方式，帮助我们更好地理解信息世界中实体之间的关系。可以用图形来表示两个实体型之间的这 3 种联系，如图 1.6 所示。

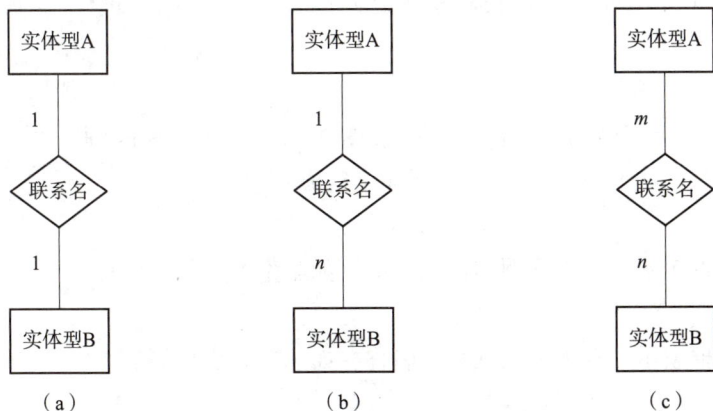

图 1.6 两个实体型之间的 3 种联系

（a）一对一联系；（b）一对多联系；（c）多对多联系

3. 两个以上实体型之间的联系

两个以上实体型之间也存在一对一、一对多、多对多联系。

例如，有3个实体：国家（Country）、首都（Capital）和地理位置（Location）。每个国家只有一个首都，每个首都也只属于一个国家，而且这个首都只在一个地理位置。因此，国家、首都、地理位置之间存在一对一联系。

又如，有3个实体：部门（Department）、员工（Employee）和经理（Manager）。一个部门可以有多个员工，但每个员工只能属于一个部门。同时，每个部门只能有一个经理。这就构成了部门和员工之间的一对多联系，以及部门和经理之间的一对一联系。

另外，有3个实体：学生（Student）、课程（Course）和教师（Teacher）。一个学生可以选择多门课程，一门课程也可以被多个学生选择。一门课程可以由多个教师教授，而一个教师也可以教授多门课程。这就构成了学生、课程和教师之间的多对多联系。

以上多个实体型之间的3种联系可以用图形来表示，如图1.7所示。

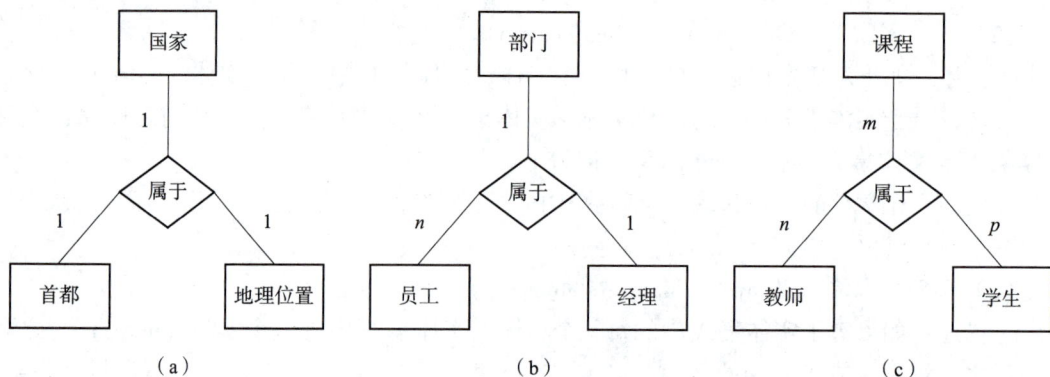

图 1.7　两个以上实体型之间的 3 种联系

（a）一对一联系；（b）一对多联系；（c）多对多联系

4. 单个实体型内的联系

同一实体集内的各实体之间也存在一对一、一对多、多对多联系。例如，学生实体型内部有班长和学生之间的一对多联系，如图1.8所示。

图 1.8　单个实体型内的一对多联系

5. 概念模型的一种表示方法

概念模型的表示通常使用实体－联系图（Entity－Relationship Diagram，E-R 图）。在 E-R 图中，有以下 4 个组成要素。

（1）实体。

实体用矩形框表示，框内写明实体的名称，如学生、教师、课程等。

（2）联系。

联系用菱形框表示，框内写明联系的名称，如选择、讲授等。

（3）属性。

实体的属性用椭圆框表示，框内写明实体的属性名，并用无向边与对应的实体连接起来。

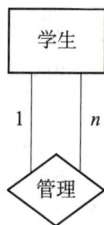

（4）无向边。

无向边将实体、属性、联系连接起来，表示实体之间的关系。

例如，员工实体具有员工 ID、姓名、性别、部门 ID 等属性，用实体-属性图表示，如图 1.9 所示。

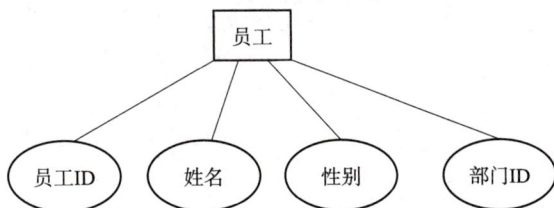

图 1.9 员工实体及其属性

6. 实例

有某商业连锁集团信息管理系统，用 E-R 图来表示其概念模型。

（1）涉及的实体及其属性。

商店：商店编号、商店名、地址、面积。

商品：商品号、商品名、规格、单价。

职工：职工编号、姓名、性别、业绩。

（2）联系及其类型。

商店与商品之间存在"销售"联系，每个商店可以销售多种商品，每种商品也可以放在多个商店销售，每个商店销售的一种商品有月销售量；商店与职工之间存在"聘用"联系，每个商店有许多个职工，每个职工只能在一个商店工作，商店聘用职工有聘期和工资。

（3）实体-属性图。

分别画出商店、商品、职工实体及其属性图，如图 1.10 所示。

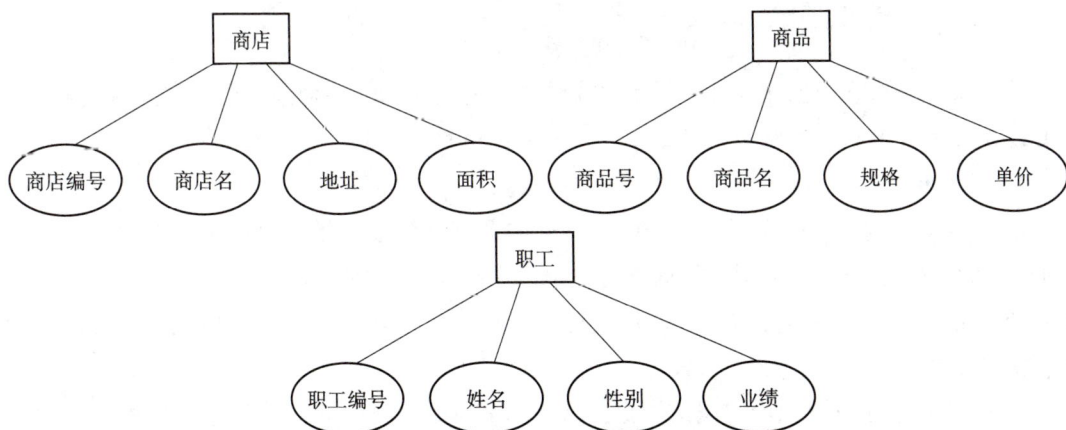

图 1.10 商店、商品、职工实体及其属性图

（4）完整的 E-R 图。

最后将各实体-属性图加上联系及其类型，得到完整的 E-R 图，如图 1.11 所示。

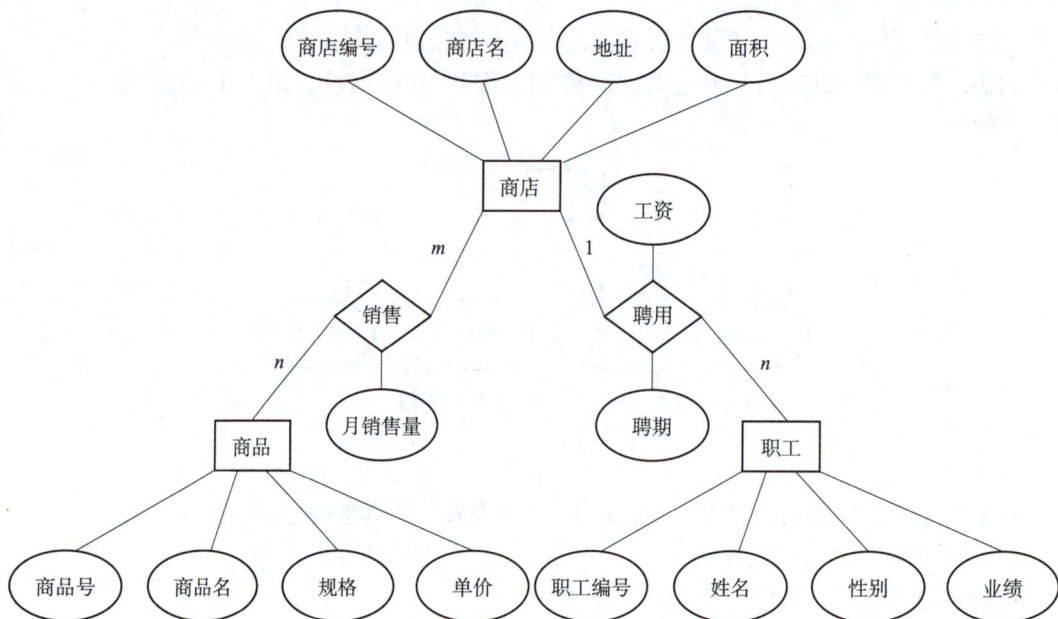

图 1.11　完整的 E-R 图

注意：在使用 E-R 表示方法时，需要考虑以下几点。

①实体之间的联系类型，包括一对一、一对多、多对多联系。

②每个实体的属性，即实体具有的特征或属性，如职工编号、姓名、业绩等。

③联系的属性，即联系的性质，如销售的月销售量，聘用的聘期、工资等。

通过概念模型的表示方法，可以清晰地展现实体、实体的属性、实体之间的联系，有助于数据库设计和分析。

1.2.3　逻辑模型

逻辑模型是指在数据库设计中用于描述数据之间关系的一种抽象模型。常见的逻辑模型包括层次模型、网状模型和关系模型。

1. 层次模型

（1）数据结构：层次模型是一种树状结构的数据库模型，数据之间的关系呈现为上下级的层次关系。在层次模型中，数据以树状结构进行组织，每个父节点可以有多个子节点，但每个子节点只能有一个父节点。这种模型适合描述具有明显层次结构的数据，如组织机构、文件系统等。

图 1.12 展示了某公司的组织结构图，这是一个典型的层次模型。在这个组织结构图中，公司 CEO（Chief Executive Officer，首席执行官）是根节点，CEO 是公司的最高领导人；技术部、销售部是 CEO 直接管理的部门，它们是 CEO 的子节点；技术部下面有开发部和测试部，销售部下面有北京销售部和上海销售部。

在这个组织结构图中，每个部门都有一个明确的上级部门或领导，符合层次模型的特

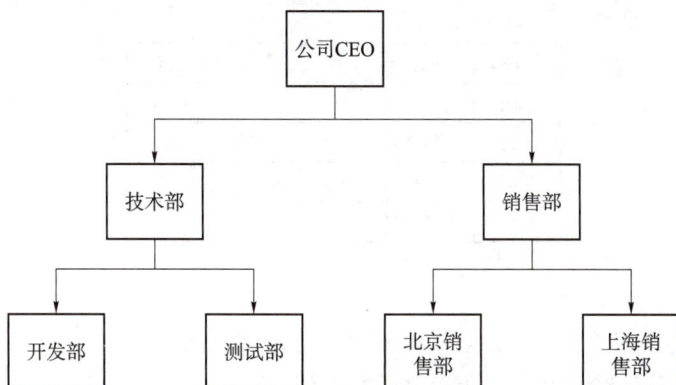

图 1.12 层次模型示例

点。这种层次结构图清晰地展示了公司的组织架构，使我们能够清楚地了解到各个部门之间的关系和层次。

（2）数据操作：层次模型的数据操作需要从根节点开始，使用层次遍历或递归的方式进行。

（3）完整性约束：若要插入新节点，则只能在已有节点之后插入；若要删除父节点，则子节点也随之删除。

2. 网状模型

（1）数据结构：网状模型的数据结构呈现为复杂的网络结构，数据之间的联系通过指针或链接进行连接，允许一个以上的节点无双亲，允许一个节点同时拥有多个父节点。图 1.13 是一个典型的网状模型的例子，在这个例子中，学生节点有两个父节点，即学生宿舍和专业系部。

（2）数据操作：网状模型的数据操作需要通过指针或链接进行。

（3）完整性约束：可以实现一定程度的完整性约束，但难以应对复杂的约束条件。

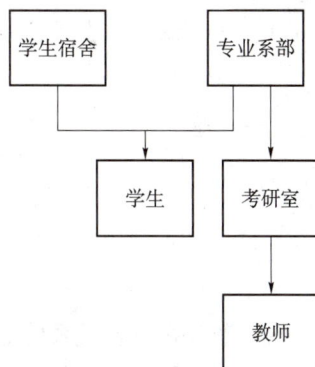

图 1.13 网状模型示例

3. 关系模型

关系模型是数据库中最常用的逻辑模型，它使用表格（也称为关系）来组织和存储数据。每张表格包含多个行（也称为元组）和多个列（也称为属性），每一列代表一个属性，每一行代表一个实例。

（1）数据结构：关系模型的数据结构就是一张二维的表格，由行和列组成，每一行代表一个实例，每一列代表一个属性。以一个公司员工信息管理为例，用关系模型的表格结构来描述，如图 1.14 所示。

在这个例子中，有一些关系模型的常见术语，解释如下。

关系：对应一张二维表格，如图 1.14 所示的公司员工信息表。

元组：对应表中的一行，例如，（1001，张平，经理，销售部，10 000）称为一个元组。

属性：对应表中的一列，例如，员工号、姓名、职位等都是属性。

公司员工信息表

员工号	姓名	职位	部门	工资
1001	张平	经理	销售部	10 000
1002	汪海洋	助理	财务部	8 000
1003	李明亮	销售员	销售部	6 000
1004	叶飞	技术员	技术部	7 000

图 1.14　关系模型的数据结构

码：也称主键，用于唯一标识表格中的每一行的属性或属性组，例如，图 1.14 中的员工号就可以唯一确定一个员工，也就是本关系的码。

域：属性的取值范围，例如，部门域是一个公司所有部门的集合、工资域是一个非负数等。

分量：元组中的一个属性值，例如，1001、销售员、技术部、8 000 都是分量。

关系模式：对关系的描述，一般表示为"关系名（属性 1，属性 2，…，属性 n）"，例如，图 1.14 的关系模式为：公司员工信息表（员工号，姓名，职位，部门，工资）。

关系模型要求关系必须是规范化的，即要求关系必须满足一定规范条件，这些规范条件中最基本的一条是，关系的每一个分量必须是一个不可分的数据项，也就是说，不允许表中还有小表。下面给出一个数据项可分的例子，如图 1.15 所示。其中，联系方式又分为电话、E-mail ，该表就不符合关系模型的要求。

员工ID	员工姓名	联系方式	
		电话	E-mail
1001	文莉莉	87778123	121345@qq.com
1002	宋一鸣	67841357	740874@qq.com

图 1.15　公司员工信息

（2）数据操作：关系模型的数据操作包括插入、删除、更新、查询 4 种类型。

①插入：用于向表格中添加新的数据行。

②删除：用于从表格中删除一个或多个数据行。

③更新：用于更新表格中的现有数据的值。

④查询：用于从表格中检索所需要的数据。

（3）完整性约束：关系模型的完整性约束主要包括以下 3 个。

①实体完整性：关系中的实体完整性是指关系中的每个实体必须具有一个唯一的主键，并且主键值不能为空值（NULL）。例如学生信息表，其中学号是主键，实体完整性要求每个学生必须具有一个唯一的学号，并且学号不能为 NULL。

②参照完整性：关系中的参照完整性是指一个关系中的外键必须引用另一个关系中存在的主键，或者允许为 NULL（如果外键允许为 NULL）。例如，有学生信息表、课程表、选课表，其中选课表中的学号和课程编号作为外键，参照完整性要求这些外键的值必须在学生信息表和课程表的主键中存在，这样可以确保选课表中的学生和课程关联的数据是有效的。

③用户定义的完整性：关系中的用户定义的完整性是指用户根据特定业务需求定义的其

他完整性约束条件。例如，在一个订单管理系统中，要求订单的交付日期必须晚于订单日期，这就是一个用户定义的完整性，它不属于实体完整性或参照完整性，但是对数据的合法性和一致性有重要影响。

关系模型提供了一种结构化和灵活的方式来组织和管理数据，它是关系数据库管理系统的基础，被广泛应用于各种类型的应用程序中。

1.2.4　物理模型

物理模型是逻辑模型的具体实现，它描述了数据在计算机系统中的物理存储方式和组织结构。以关系数据库为例，物理模型是指在计算机存储和处理数据时，将关系数据库中的逻辑模型转换为实际的存储结构和访问方式的模型。物理模型描述了数据在计算机上的存储方式、索引结构、数据分区等细节，以及如何通过查询语言和数据库引擎来访问和操作这些数据。

例如，有一个学生信息管理系统，其中包括学生信息、课程信息和选课信息。在逻辑模型中，定义了学生、课程和选课这3个实体，以及它们之间的关系。以下给出了逻辑模型转换成物理模型过程中需要考虑的问题。

（1）可以将学生信息、课程信息和选课信息存储在不同的表中，每张表包括字段（列）和记录（行）。考虑如何将这些表存储在计算机的磁盘上、如何设计索引来加速查询，以及如何进行数据分区和存储优化等。

（2）物理模型还涉及如何通过 SQL 来访问和操作这些数据，以及数据库引擎如何执行这些查询，包括查询优化、并发控制、事务管理等方面的细节。

关系数据库的物理模型描述了数据在计算机上的实际存储方式和访问方式，是数据库系统设计和优化的重要组成部分。

知识拓展　　　　　　　　　　　　　　　　　　　　　　　　>>>

随着数据库技术的不断发展，数据模型中的数据结构呈现出一些新的内容和特点。

1. 多模态数据结构

随着多模态生成模型的兴起，数据结构需要适应多种模态的数据，如图像、文本、音频等。这意味着数据结构不再局限于传统的结构化数据，而是扩展到包括非结构化数据在内的多种形式。多模态数据结构要求数据库能够高效地存储、检索和管理这些不同类型的数据，同时提供灵活的查询和分析功能。

2. 高维数据结构和相似性搜索

矢量数据库的出现使处理高维数据变得更加高效。这类数据库使用特定的数据结构来存储高维向量，并支持快速的相似性搜索。数据结构中的高维向量可以表示图像、文本等复杂数据的特征，从而实现精准的相似度匹配和搜索。

3. 分布式和分片数据结构

分布式数据库采用分片技术，将数据水平拆分成多个部分，并分散存储在不同的节点上。这种数据结构的设计提高了数据库的扩展性和并发处理能力。分片数据结构要求数据库能够智能地分配和管理数据片段，确保数据的完整性和一致性。

4. 时序数据结构

时序数据库用于处理时间序列数据，其数据结构专门设计用来存储和查询按时间顺序排列的数据点。时序数据结构通常包括时间戳、数值和其他相关信息，支持高效的时间序列数据插入、查询和分析操作。

5. 图形数据结构

图数据库使用图形数据结构来表示实体之间的关系。节点表示实体，边表示实体之间的关系。图形数据结构使数据库能够高效地执行复杂的图查询和遍历操作，适用于社交网络、知识图谱等应用。

6. 列式存储结构

列式数据库采用列式存储结构，将数据按列存储而不是按行存储。这种结构在处理大量数据时具有更高的效率。列式存储结构使聚合查询和数据分析更加高效，因为数据库可以只读取需要的列数据，而不是整行数据。

这些新的数据结构使数据库能够更高效地处理复杂的数据类型和查询需求，为各行各业的应用提供了更强大的数据管理能力。

1.3　数据库系统结构

从 DBMS 的角度来看，数据库系统通常采用三级模式结构。这种结构包括了内模式、模式和外模式 3 个层次，它们分别对应了数据库系统的不同抽象级别和不同用户群体的需求。三级模式之间的关系可以用一个结构图来表示，如图 1.16 所示。

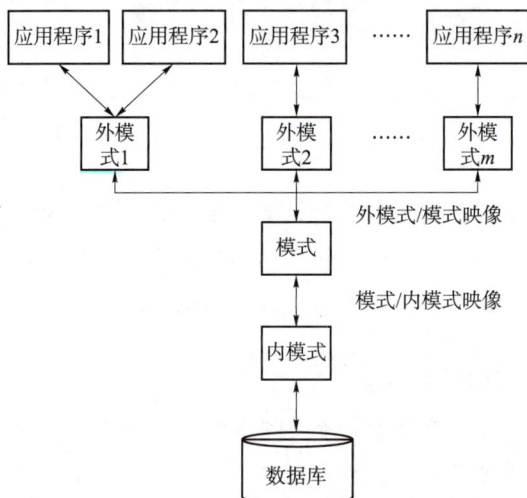

图 1.16　数据库系统的三级模式结构

在这个结构图中，外模式位于顶部，它是面向用户和应用程序的，定义了用户和应用程序对数据库的视图和接口；模式位于中间，它是整个数据库的全局逻辑结构模型，包括了数据的逻辑组织、关系和约束条件；内模式位于底部，它是数据库系统的物理存储结构，包括了数据在物理存储介质上的组织方式和存储结构。

这种三级模式结构使数据库系统能够将物理存储和逻辑数据组织相分离，从而实现了数据的独立性和逻辑结构的抽象。这种模式结构也使数据库系统能够支持多个用户和应用程序，每个用户和应用程序可以有自己的外模式，而不需要了解数据库的整体结构。

1.3.1　数据库系统的三级模式结构

1. 模式

模式描述了数据库中数据的逻辑组织方式，包括了实体、关系、属性、约束等概念，以及这些实体和关系之间的联系。模式定义了数据库中数据的整体视图，是数据库中全体数据的逻辑结构和特征的描述，是所有用户的公共视图。一个数据库系统只有一个模式。

例如，一个学校的数据库模式可能包括学生信息、课程信息、教师信息等数据表的组织方式和它们之间的关系。

2. 外模式

外模式描述了数据库中数据的某一部分对特定用户或应用程序的视图，包括了用户能够看到和访问的数据和结构。外模式是面向数据库用户和应用程序的，它定义了数据库的局部逻辑结构，是用户和应用程序与数据库交互的接口。外模式是模式的子集，一个数据库系统可以有多个外模式。

例如，一个学校的学生信息管理系统和教务管理系统可能有不同的外模式，分别展现给学生和教务人员不同的视图和接口。

3. 内模式

内模式描述了数据库在物理存储介质上的存储方式，包括了数据的实际存储结构、索引方式、数据的存储位置等。内模式是面向 DBMS 的，它定义了数据库在存储介质上的实际组织方式，通常由数据库管理员或系统设计者来管理。一个数据库系统只有一个内模式。

例如，数据库表的存储方式、索引的组织方式、数据文件的存储结构等都属于内模式的范畴。

综上所述，模式描述了数据库的全局逻辑结构，外模式定义了用户或应用程序的局部视图和接口，内模式描述了数据库的物理存储结构。这 3 个概念共同构成了数据库系统的三级模式结构，使数据库能够实现数据的独立性和逻辑结构的抽象，并支持多个用户和应用程序。

1.3.2　数据库的二级映像功能与数据的独立性

从 1.3.1 小节我们知道，数据库系统采用三级模式结构，它们之间具有以下关系。

（1）外模式与模式之间的关系：外模式是模式的子集，它定义了用户和应用程序对数据库的局部视图和接口，而模式定义了数据库的全局逻辑结构。

（2）模式与内模式之间的关系：模式是内模式的抽象，它定义了数据库中数据的逻辑组织和关系，而内模式定义了数据在物理存储介质上的组织方式和存储结构。

这种三级模式结构之间的联系和转换，是通过二级映像功能来实现的，即外模式/模式映像、模式/内模式映像，正是这两级映像保证了数据库系统中的数据具有较高的逻辑独立性和物理独立性。

1. 外模式/模式映像

外模式/模式映像指的是外模式和模式之间的映射关系，它描述了用户或应用程序如何将数据库的局部视图和接口映射到数据库的全局逻辑结构上，使用户或应用程序能够对数据库进行操作和访问。

当数据库的全局逻辑结构发生改变时，数据库管理员对各个外模式/模式的映像做相应的修改，可以使外模式保持不变，从而应用程序也不必修改，保证了数据与应用程序的逻辑独立性，简称**数据的逻辑独立性**。

例如，一个公司的 DBMS 中，员工信息表包括员工的姓名、员工号、部门等信息。现在对员工信息表进行调整，增加一个新的字段"职务"。数据库管理员创建一个新视图或在已有视图中增加字段"职务"，对于使用员工信息表的应用程序来说，不需要或只需要较小的修改，就可以继续使用该数据库，从而数据库逻辑结构的变化对应用程序的影响尽可能小，这就是数据的逻辑独立性。

2. 模式/内模式映像

模式/内模式映像指的是模式和内模式之间的映射关系，它描述了数据库的全局逻辑结构如何映射到数据库的物理存储结构上，使数据库的逻辑结构和物理存储结构之间建立了映射关系。

当数据库的物理存储结构发生改变时，由数据库管理员修改模式/内模式映像，可以使模式保持不变，从而应用程序也不必修改，保证了数据与应用程序的物理独立性，简称**数据的物理独立性**。

例如，一个公司的 DBMS，在某个存储设备上存储数据，但由于存储设备性能不足或容量不够，需要将数据迁移到另一个存储设备上。因此，数据库管理员修改模式/内模式映像，使数据迁移过程对用户和应用程序不可见，应用程序也不需要关心数据存储在哪个存储设备上，只需要通过数据库提供的接口进行数据访问即可。这样，即使数据库的物理存储结构发生变化，对用户和应用程序的影响也会尽可能小，这就是数据的物理独立性。

综上所述，外模式/模式映像和模式/内模式映像描述了数据库系统中不同级别模式之间的映射关系，保证了数据库系统中数据的逻辑独立性和物理独立性，即数据库逻辑结构和物理存储结构的变化对用户和应用程序的影响尽可能小。

知识拓展 >>>

数据库系统的三级模式结构在许多应用场景中都发挥着重要作用。

1. 企业信息系统

在企业环境中，各部门能够根据自己的需求定义数据视图，同时保证了数据的安全性和共享性。例如，销售部门可以查看销售数据和客户信息，财务部门则可以关注财务交易和账目信息，两者之间的数据视图相互独立，但数据在物理层面是安全存储的。

2. 电子商务

在电子商务平台上，数据库系统的三级模式结构使每个用户或商家可以拥有自己的数据视图，便于管理订单、库存和客户信息等。同时，通过逻辑结构的优化，可以实现高效的商品搜索和推荐功能，提升用户体验。

3. 金融系统

金融机构如银行、证券公司等，需要处理大量的金融交易数据和客户信息。数据库系统的三级模式结构为这些机构提供了高性能、高安全性的数据存储和查询解决方案。例如，通过物理存储结构的优化，可以实现快速的交易结算和数据处理。

4. 科研实验数据管理

在科研领域，大量的实验数据需要被安全、有效地存储和管理。数据库系统的三级模式结构可以帮助研究人员根据自己的实验需求定义数据视图，同时保证数据的完整性和安全性。

5. 大数据分析

随着大数据技术的兴起，数据库系统的三级模式结构支持更大规模的数据处理和分析。通过逻辑结构和物理存储结构的优化，可以实现高效的数据挖掘和模式识别，为商业决策、市场预测等提供有力支持。

6. 社交网络

在社交网络中，数据库系统的三级模式结构可以高效地处理用户关系、动态地更新大量信息等。通过合理的物理存储和逻辑组织，可以迅速响应用户的查询和交互需求。

7. 物联网应用

随着物联网设备的普及，大量的传感器数据需要被实时采集、存储和分析。数据库系统的三级模式结构为这些应用提供了可扩展、高性能的数据管理方案。

1.4　数据库新技术及其发展趋势

1. 云计算与数据库

云计算技术使数据库能够在云平台上进行部署和运行，提供了更灵活、可扩展的数据库解决方案，云数据库服务（如 AWS RDS、Azure SQL DataBase 等）使用户可以通过云服务商提供的数据库服务来管理和使用数据库，降低了维护成本和提高了可用性。

（1）定义。

云数据库是指部署在云计算平台上的数据库服务，用户可以通过互联网访问和使用这些数据库服务。云数据库通常由云服务提供商提供，用户可以根据自己的需求选择不同规格和配置的数据库服务，并按照使用量进行付费。

（2）云数据库的特点。

①可扩展性：用户可以根据需要灵活扩展数据库的存储容量和计算资源，以满足业务需求的变化。

②高可用性：云数据库通常具有高可用性和容灾能力，能够保证数据库服务的持续性和稳定性。

③灵活性：用户可以根据需要选择不同类型的数据库服务，如关系数据库、NoSQL 数据库等，并且可以根据业务需求灵活调整数据库配置。

④自动化管理：云数据库通常提供自动化的数据库管理功能，包括备份、恢复、性能优

化等，减轻了用户的管理负担。

⑤安全性：云数据库通常具有严格的安全控制措施，包括数据加密、访问控制、安全审计等，保证用户数据的安全性。

（3）国产云数据库。

国产云数据库包括但不限于以下几种。

①华为云数据库：华为云提供了多种数据库服务，包括云数据库 RDS、云数据库 DWS、云数据库 GaussDB 等，支持关系数据库、分布式数据库和数据仓库等多种类型。

②阿里云数据库：阿里云提供了阿里云 RDS、阿里云 PolarDB 等多种数据库服务，支持 MySQL、SQL Server、PostgreSQL、NoSQL 等多种数据库类型。

③腾讯云数据库：腾讯云提供了腾讯云 CDB、TDSQL、DCDB 等多种数据库服务，支持 MySQL、SQL Server、MongoDB 等多种数据库类型。

④金山云数据库：金山云提供了金山云数据库 KMR、云数据库 Redis、云数据库 MongoDB 等多种数据库服务，支持关系数据库、NoSQL 数据库等多种类型。

这些国产云数据库服务提供商都提供了丰富的数据库服务和解决方案，满足了不同用户的数据库需求。

2. 大数据与数据库

随着大数据技术的发展，数据库系统需要具备处理大规模数据的能力。因此，大数据技术和数据库系统的融合成为一个重要的趋势，数据库系统需要支持大数据的存储、处理和分析。例如，通过分布式数据库、NoSQL 数据库等技术来应对大数据挑战。

（1）定义。

大数据是指规模巨大、结构复杂、处理速度快的数据集合，传统的关系数据库在处理大数据时可能会遇到性能瓶颈。为了更好地处理大数据，出现了大数据处理框架，如 Hadoop、Spark 等。同时，出现了针对大数据场景的数据库系统，如 NoSQL 数据库、分布式数据库等，用于存储和管理大数据。

（2）大数据技术的特点。

大数据技术的特点包括以下几个方面。

①大容量：大数据技术能够处理海量数据，包括结构化数据、半结构化数据和非结构化数据，能够存储和处理 TB 甚至 PB 级别的数据量。

②高速度：大数据技术具有快速处理数据的能力，能够在短时间内完成对大规模数据的处理和分析，支持实时数据处理和流式数据处理。

③多样性：大数据技术能够处理多种类型的数据，包括文本、图像、音频、视频等多媒体数据，支持多种数据格式和数据源的接入和处理。

④多源性：大数据技术能够从多个数据源中收集和整合数据，包括传感器数据、社交媒体数据、日志数据、交易数据等，实现全面的数据收集和利用。

⑤实时性：大数据技术支持实时数据处理和实时分析，能够及时响应数据变化，支持实时监控、实时预测和实时决策。

⑥多维度分析：大数据技术能够进行多维度的数据分析，包括数据挖掘、机器学习、深度学习等高级分析技术，发现数据中的规律和趋势。

⑦分布式计算：大数据技术采用分布式计算架构，能够将数据分布存储在多台服务器上，并通过并行计算的方式进行数据处理和分析，提高计算效率和处理能力。

⑧弹性扩展：大数据技术能够方便地进行水平扩展，通过增加计算节点和存储节点来扩展系统的容量和性能。

（3）国产大数据库。

国产大数据库包括但不限于以下几种。

①高新兴 GBase 数据库：由中国科学院计算技术研究所和高新兴科技集团股份有限公司联合研发的关系型大数据库产品，具有高性能、高可靠性和高可扩展性的特点，适用于大规模数据存储和处理。

②华为 GaussDB 数据库：一款面向企业级应用的高性能分布式关系数据库产品，具有高可用性、自动负载均衡和自动故障恢复等特点，适用于大规模数据管理和分析。

③中科曙光神威·太湖之光数据库：中国自主研发的大规模并行计算数据库系统，主要应用于超级计算领域，具有高性能、高并发和高可靠性的特点。

④甲骨文数据库：由甲骨文（中国）软件系统有限公司研发的关系数据库产品，具有高性能、高可用性和多样化的数据管理功能，适用于企业级数据管理和分析。

这些国产大数据库产品在性能、可靠性和功能方面都有不错的表现，适用于不同规模和领域的大数据存储和处理需求。

3. 人工智能与数据库

人工智能技术的发展为数据库系统带来了新的机遇，例如，通过机器学习和数据挖掘技术来优化数据库性能、自动化数据库管理、实现智能查询优化等。同时，数据库系统为人工智能提供了数据存储和管理的基础，两者之间的结合将会推动数据库系统的发展。

（1）定义。

人工智能数据库是指专门用于支持人工智能应用的数据库系统，它不仅具备传统数据库的数据存储和管理功能，还提供了支持人工智能算法的训练、推理和预测等功能。

（2）人工智能数据库的特点。

①大规模数据存储：人工智能数据库能够存储海量的结构化、半结构化和非结构化数据，包括文本、图像、音频、视频等多种数据类型。

②高性能计算：人工智能数据库具备高性能的计算能力，能够支持大规模数据的并行处理、分布式计算和实时数据分析。

③机器学习支持：人工智能数据库集成了机器学习算法和模型训练的功能，能够进行数据挖掘、模式识别和预测分析等任务。

④深度学习能力：人工智能数据库支持深度学习算法和神经网络模型的训练和推理，能够处理复杂的图像识别、语音识别和自然语言处理等任务。

⑤实时推理：人工智能数据库能够进行实时的数据推理和决策，支持实时监控、实时预测和实时智能应用。

（3）国产人工智能数据库。

国产人工智能数据库的一些具有代表性的产品如下。

①华为 GaussDB for AI：一款专门面向人工智能应用场景的数据库产品，具有高性能、

高可靠性和深度学习支持的特点。

②阿里云 PAI-DSW：阿里云的一款人工智能开发平台，提供了数据存储、数据处理和机器学习等功能，支持构建人工智能应用的数据库服务。

③百度 PaddlePaddle：一款深度学习开发平台，提供了数据存储和处理的功能，支持构建深度学习模型和应用。

这些国产人工智能数据库产品在人工智能算法支持、大规模数据存储和高性能计算方面都有较好的表现，适用于各种人工智能应用场景。

4. 区块链与数据库

区块链技术的兴起为数据库系统带来了去中心化、不可篡改的特性。数据库系统和区块链技术的结合使数据的安全性和可信度得到提升，如在金融、供应链等领域的应用。同时，区块链技术为数据库系统带来了新的数据存储和管理方式，如分布式账本、智能合约等概念。

（1）定义。

区块链数据库是一种基于区块链技术的分布式数据库系统，具有去中心化、不可篡改和智能合约等特点，用于记录和存储交易数据、资产信息和合约条款等信息。

（2）区块链数据库的特点。

①去中心化：区块链数据库采用分布式的数据存储和共识机制，不依赖单一的中心化管理机构，具有更高的可靠性和安全性。

②不可篡改：区块链数据库中的数据经过加密和哈希算法处理，每个区块都包含前一个区块的哈希值，使数据不可被篡改，具有较高的数据完整性和可信度。

③智能合约：区块链数据库支持智能合约的编写和执行，能够自动化地执行合约条款，实现自动化的交易和结算。

④高度透明：区块链数据库中的交易数据和资产信息对所有参与者都是透明可见的，能够提高交易的可追溯性和可信度。

（3）国产区块链数据库。

国产区块链数据库的一些具有代表性的产品如下。

①阿里云区块链服务：阿里云区块链服务是阿里云推出的一款基于区块链技术的数据库产品，提供了区块链平台搭建、智能合约编写和数据存储等功能。

②腾讯区块链服务：腾讯云推出了一系列区块链服务，包括区块链平台搭建、智能合约开发和数据存储等功能，支持企业级区块链应用的构建。

③小米链：小米集团推出的区块链服务平台，提供了区块链数据存储、智能合约执行和数字资产管理等功能，支持多种应用场景的区块链应用。

这些国产区块链数据库产品在去中心化、不可篡改和智能合约支持等方面都有较好的表现，适用于金融、物联网、供应链管理等领域的区块链应用需求。

综上所述，数据库系统在新技术的影响下不断发展和演进。云计算、大数据、人工智能和区块链等新技术与数据库的融合将推动数据库系统朝着更高效、更安全、更智能的方向发展。

知识拓展 >>>

一些国产数据库产品及其应用如下。

1. OceanBase

OceanBase 作为阿里巴巴集团旗下的分布式关系数据库，已经在金融、电商等领域得到了广泛应用。其高性能、高可用性和高扩展性的特点，使其能够轻松应对高并发、大数据量的业务场景。特别是在金融行业，OceanBase 已经成功助力多家银行、保险等金融机构实现了核心系统的国产化替代。

2. PolarDB

PolarDB 是阿里巴巴另一款重要的数据库产品，以其高性能、低成本和易用性受到了市场的广泛欢迎。在电商领域，PolarDB 为众多电商平台提供了稳定、高效的数据存储和处理能力，支持海量的商品信息和交易数据的处理。同时，在政务、金融等领域，PolarDB 发挥着重要作用，助力各行业实现数字化转型。

3. AntDB

AntDB 是亚信科技（中国）有限公司推出的超融合数据库产品，它融合了内存计算、交易、分析、实时流处理、时序、向量等多种引擎，为用户提供了一个全面、高效、易用的数据管理解决方案。在通信行业，AntDB 已经成功应用于某大型运营商的核心业务系统，实现了对传统数据库的国产化替代，提升了系统的性能和稳定性。

此外，还有许多其他优秀的国产数据库产品在各个领域发挥着重要作用。例如，南大通用数据库 GBase 在能源、交通等领域有着广泛的应用；人大金仓数据库 Kingbase 在政务、公安等领域取得了显著的成效。

随着技术的不断进步和市场的不断发展，国产数据库产品已经在各个领域实现了广泛应用，为推动我国的数字化转型和信息化建设做出了重要贡献。

| 1.5 小结 |

本章概述了数据库系统的基本概念和发展趋势。

首先，介绍了数据、数据库、数据库管理系统和数据库系统等基本概念，以及它们在信息管理中的作用和关系。

其次，介绍了数据管理技术的产生和发展，从人工管理阶段到文件系统阶段，再到数据库系统阶段的演进过程，以及数据库系统的特点和优势。

然后，介绍了数据模型的组成要素，即数据结构、数据操作、完整性约束，介绍了数据库系统中几种不同的数据模型，即概念模型、逻辑模型和物理模型，以及它们在数据库设计和实现中的作用。另外，读者要重点理解数据库系统的三级模式结构，即模式、外模式和内模式，以及二级映像功能，还有数据的逻辑独立性、物理独立性的概念，这对于掌握数据库系统的组成结构、工作原理都是非常有帮助的。

最后，介绍了数据库新技术及其发展趋势，包括云计算、大数据、人工智能、区块链和数据库之间的关系和未来的发展趋势，以及一些国产新数据库产品等。这些内容帮助读者全面了解数据库系统的基本概念和发展趋势。

拓展阅读

1. 丁光耀，徐辰，钱卫宁，等. 支持深度学习的视觉数据库管理系统研究进展 ［J］. 软件学报，2024，35（03）：1207-1230.

2. 石磊，李天，高宇飞，等. 基于机器学习的数据库系统参数优化方法综述 ［J］. 郑州大学学报（工学版），2024，45（01）：1-11+28.

3. 李国良，于戈，杨俊，等. 数据库系统新型技术专题前言 ［J］. 软件学报，2022，33（03）：771-773.

4. 李昕航，李超，张桂刚，等. 区块链与数据库技术融合综述 ［J］. 计算机科学与探索，2023，17（04）：761-770.

5. 李国良，周煊赫，孙佶，等. 基于机器学习的数据库技术综述 ［J］. 计算机学报，2020，43（11）：2019-2049.

习　题

一、单项选择题

1. 对于用户或应用程序看到的那部分局部逻辑结构和特征的描述是（　　）。

A. 模式　　　　　　B. 物理模式　　　　C. 外模式　　　　　D. 内模式

2. 数据库系统是采用了数据库技术的计算机系统，数据库系统由数据库、数据库管理系统、应用系统和（　　）等组成。

A. 系统分析员　　　B. 程序员　　　　　C. 数据库管理员　　D. 操作员

3. 数据库（DB）、数据库系统（DBS）和数据库管理系统（DBMS）之间的关系是（　　）。

A. DBS 包括 DB 和 DBMS　　　　　　B. DBMS 包括 DB 和 DBS

C. DB 包括 DBS 和 DBMS　　　　　　D. DBS 就是 DB，也就是 DBMS

4. 下面列出的数据库管理技术发展的 3 个阶段中，没有专门的软件对数据进行管理的是（　　）。Ⅰ. 人工管理阶段　Ⅱ. 文件系统阶段　Ⅲ. 数据库系统阶段

A. Ⅰ和Ⅱ　　　　　B. 只有Ⅱ　　　　　C. Ⅱ和Ⅲ　　　　　D. 只有Ⅰ

5. 下列 4 项中，不属于数据库系统特点的是（　　）。

A. 数据共享性高　　　　　　　　　　B. 数据完整性

C. 数据冗余度高　　　　　　　　　　D. 数据独立性高

6. 数据库系统的数据独立性体现在（　　）。

A. 不会因为数据的变化而影响到应用程序

B. 不会因为数据存储结构与数据逻辑结构的变化而影响应用程序

C、不会因为存储策略的变化而影响存储结构

D. 不会因为某些存储结构的变化而影响其他的存储结构

7. 描述数据库全体数据的全局逻辑结构和特性的是（　　）。

A. 模式　　　　　　B. 内模式　　　　　C. 外模式　　　　　D. 物理模式

8. 要保证数据库的数据独立性，需要修改的是（　　）。

A. 模式与外模式　　　　　　　　　B. 模式与内模式

C. 三级模式之间的两层映射　　　　D. 三级模式

9. 要保证数据库的逻辑独立性，需要修改的是（　　）。

A. 模式与外模式之间的映射　　　　B. 模式与内模式之间的映射

C. 模式　　　　　　　　　　　　　D. 三级模式

10. 下述（　　）不是数据库管理员的职责。

A. 完整性约束说明　　　　　　　　B. 定义数据库模式

C. 保证数据库安全　　　　　　　　D. 数据库管理系统设计

11. 概念模型是现实世界的第一层抽象，这类模型中最著名的模型是（　　）。

A. 层次模型　　　B. 关系模型　　　C. 网状模型　　　D. 实体-关系模型

12. 区分不同实体的依据是（　　）。

A. 名称　　　　　B. 属性　　　　　C. 对象　　　　　D. 概念

13. 关系模型是目前最重要的一种数据模型，它的 3 个要素分别是（　　）。

A. 实体完整性、参照完整性、用户自定义完整性

B. 数据结构、数据操作、完整性约束

C. 数据增加、数据修改、数据查询

D. 外模式、模式、内模式

14. 在（　　）中，一个节点可以有多个双亲，节点之间可以有多种联系。

A. 网状模型　　　B. 关系模型　　　C. 层次模型　　　D. 以上都有

15. （　　）的存取路径对用户透明，从而具有更高的数据独立性、更好的安全保密性，也简化了程序员的工作和数据库开发建立的工作。

A. 网状模型　　　　B. 关系模型　　　　C. 层次模型　　　　D. 以上都有

16. 数据库系统的核心和基础是（　　）。

A. 物理模型　　　B. 概念模型　　　C. 数据模型　　　D. 逻辑模型

17. 实现将现实世界抽象为信息世界的是（　　）。

A. 物理模型　　　B. 概念模型　　　C. 关系模型　　　D. 逻辑模型

18. 能够保证数据库系统中的数据具有较高的逻辑独立性的是（　　）。

A. 外模式/模式映像　　　　　　　　B. 模式

C. 模式/内模式映像　　　　　　　　D. 外模式

19. DBMS 是一类系统软件，它是建立在下列哪种系统之上的？（　　）

A. 应用系统　　　B. 编译系统　　　C. 操作系统　　　D. 硬件系统

二、判断题

1. 通常情况下，外模式是模式的子集。　　　　　　　　　　　　　（　　）

2. 在文件系统管理阶段，由文件系统提供数据存取方法，所以数据具有很强的独立性。
　　　　　　　　　　　　　　　　　　　　　　　　　　　　　（　　）

3. DBMS 是指在计算机系统中引入数据库后的系统，一般由数据库、数据库系统、应

用系统和数据库管理员组成。 （　　）

4. 数据库系统的三级模式是对数据进行抽象的 3 个级别，把数据的具体组织留给 DBMS 管理。 （　　）

三、简答题

1. 简述数据、数据库、数据库管理系统、数据库系统的概念。

2. 简述 DBMS 的主要功能。

3. 简述数据库系统的组成。

4. 简述数据库系统的特点。

5. 数据管理技术的文件系统阶段和数据库系统阶段的"数据独立性"有何不同？

6. 简述数据模型的概念、数据模型的作用和数据模型的 3 个要素。

7. 什么是概念模型？概念模型的作用是什么？

8. 简述数据库系统的三级模式结构，并说明这种结构的优点是什么。

9. 什么是数据与应用程序的逻辑独立性？什么是数据与应用程序的物理独立性？为什么数据库系统具有数据与应用程序的独立性？

习题答案

关系数据库是现代数据库技术的基础，本章我们将重点学习关系数据结构及其形式化定义、关系的完整性、关系代数及其表达式的等价变换。这些知识是构建高效、稳定数据库的关键。在学习过程中，我们可能会遇到如何确保数据完整性和如何进行复杂数据操作的问题。同时，我们要了解关系数据库在实际业务中的应用，如在物流和供应链等行业中的应用。通过学习本章，我们将更加深入理解数据库技术的核心原理，培养逻辑思维和严谨的数据处理能力。

第 2 章

关系数据库

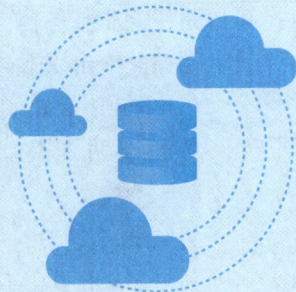

【学习目标】

（1）理解关系数据库中数据的组织和存储方式，包括关系、元组、属性等基本概念。

（2）掌握关系代数的基本运算符，包括选择、投影、连接、除等，能够运用这些运算符进行数据查询操作。

（3）理解关系数据库中的完整性，包括实体完整性、参照完整性和用户定义的完整性。

【学习难点】

（1）抽象的关系代数运算符和运算规则的理解和应用。

（2）将关系代数运用到实际的数据库操作中。

【素养目标】

（1）培养逻辑思维能力和抽象建模能力。

（2）培养对数据库设计和优化的兴趣和热情。

（3）培养解决实际问题的能力和团队协作能力。

2.1 关系数据结构及其形式化定义

关系数据库是基于关系数据结构的数据库，关系数据结构是由行和列组成的二维表格，每一列代表一个属性，每一行代表一个元组。形式化定义关系数据结构的方式是使用关系模式（Schema）来描述表的结构，包括表的名称、表的属性及属性的数据类型。形式化定义关系数据结构的方式使数据库管理系统能够准确地理解和处理数据，保证了数据的一致性和完整性。通过对关系数据结构的形式化定义，可以更好地理解数据库中数据的组织结构，从而进行有效的数据管理和查询操作。

2.1.1 关系数据结构

1. 域

定义 2.1 域是指一组具有相似性质的数值的集合。在关系代数中，域通常表示为 D，可以是任意非空集合，如整数集合、实数集合等。

例如，给出以下 4 个域：

$D_1 = \{2301, 2302, 2303\}$；

$D_2 = \{李明, 张艳, 王强\}$；

$D_3 = \{男, 女\}$；

$D_4 = \{20, 22, 21\}$。

其中，D_1、D_2、D_3、D_4 分别表示学生关系的学号域、姓名域、性别域、年龄域，姓名域和性别域可能是字符串集合，学号域和年龄域可能是自然数集合。

2. 笛卡儿积

定义 2.2 给定一组域 D_1, D_2, $\cdots$, D_n，那么这组域的笛卡儿积可以定义为一个新的集合，记为 $D_1 \times D_2 \times \cdots \times D_n = \{(d_1, d_2, \cdots, d_n) \mid d_i \in D_i, i = 1, 2, \cdots, n\}$。

其中的每一个元素 $(d_1, d_2, \cdots, d_n)$ 称为一个 **n 元组**，或简称元组，元素中的每一个值 d_i 称为一个**分量**。

若 $D_i (i = 1, 2, \cdots, n)$ 为有限集，D_i 中元素的个数称为**基数**，用 $m_i (i = 1, 2, \cdots, n)$ 来表示，则笛卡儿积的基数 **M** 为

$$M = \prod_{i=1}^{n} m_i$$

例如，在上面的学生关系中，学号和性别构成的笛卡儿积为 $D_1 \times D_3 = \{(2301, 男),$ $(2301, 女), (2302, 男), (2302, 女), (2303, 男), (2303, 女)\}$。其中，2301、2302、男、女等都是分量，（2301，男）和（2302，女）等都是元组，其笛卡儿积的基数 = $3 \times 2 = 6$，也就是说，$D_1 \times D_3$ 一共有 6 个元组。这 6 个元组可列成一张二维表，如表 2.1 所示。

3. 关系

定义 2.3 $D_1 \times D_2 \times \cdots \times D_n$ 的子集称为在域 $D_1, D_2, \cdots, D_n$ 上的关系，表示为

$$R(D_1, D_2, \cdots, D_n)$$

其中，R 表示关系的名称；n 是关系的目或度。

关系中的每个元素是关系中的元组，通常用 t 来表示。当 $n = 1$ 时，称该关系为一元关系或单元关系；当 $n = 2$ 时，称该关系为二元关系。

若关系中的某一属性组的值能唯一标识一个元组，则称该属性值为**候选码**。

若一个关系有多个候选码，则选定其中一个为**主码**或**主键**。

候选码的各属性称为**主属性**。不包含在任何候选码中的属性称为**非主属性**。

例如，表 2.1 的一个有意义的子集构成关系 Student，如表 2.2 所示。

表 2.1　$D_1 \times D_3$

学号	性别
2301	男
2301	女
2302	男
2302	女
2303	男
2303	女

表 2.2　$D_1 \times D_3$ 的子集（Student 关系）

学号	性别
2301	男
2302	女
2303	男

这个关系可以表示为 Student（学号，性别），属性"学号"为候选码，也是主属性，"性别"是非主属性。

对于基本关系，有以下 6 条性质。

（1）列是同质的，即每一列中的分量是同一类型的数据，其取值来自同一个域。

（2）不同的列可来自同一个域，为了加以区别，要给每一个列取不同的属性名。

（3）列的顺序无所谓，即列的次序可以任意交换，但主码的存放通常从第一列开始。例如，表 2.2 中"学号"和"性别"可以交换位置。

（4）任意两个元组的候选码不能相同。

（5）行的顺序无所谓，即行的次序可以任意交换，但通常按主码升序存放。例如，表 2.2 中第二行可以和第三行交换位置。

（6）分量必须取原子值，即每一个分量都是不可分的数据项。

注意：在实际应用中，基本关系的以上 6 条性质也可以按照需要进行约定，并不一定是完全符合的，需要结合具体情况进行讨论。

2.1.2　关系模式

关系模式是关系数据库中的一个重要概念，它描述了数据库中表的结构和组织方式。具体来说，关系模式定义了表中每一列的数据类型、约束条件及其他属性。它包括表的名称、列的名称和数据类型、主键、外键、唯一约束等信息。通过定义关系模式，我们可以清晰地了解数据库中表的结构，以及表与表之间的关系，这有助于数据库的设计、管理和优化。

定义 2.4　关系的描述称为关系模式，可以形式化地表示为

$$R(U, D, \text{DOM}, F)$$

其中，R 为关系名；U 是组成该关系的属性名集合；D 为属性组 U 中属性所来自的域；DOM 为属性向域的映像集合；F 为属性间数据的依赖关系集合。本章仅涉及 R 和 U，可简化表示为 $R(U)$ 或 $R(A_1,A_2,\cdots,A_n)$。例如，表 2.2 的关系模式为 Student（学号，性别）。

关系是关系模式在某一时刻的状态或内容。关系模式是静态的、稳定的，而关系是动态的、随时间不断变化的。例如，表 2.2 是关系模式 Student（学号，姓名）的一个关系实例。在实际工作中，关系模式和关系往往笼统称为关系，需要通过上、下文加以区别。

2.1.3 关系数据库

在关系模型中，实体及实体间的联系都是用关系来表示的。在一个给定的应用领域中，所有实体及实体之间联系的关系集合构成一个**关系数据库**。

关系数据库也有**型**和**值**之分。关系数据库的型称为关系数据库的模式，是对关系数据库的描述。关系数据库的值是这些模式在某一时刻对应的关系的集合，通常称为关系数据库。

关系数据库建立在关系模型的基础上，它用表来组织和存储数据。关系数据库使用结构化查询语言（SQL，将在第 3 章中介绍）来查询和操作数据，支持复杂的数据操作和关联查询，同时具有数据完整性、一致性和安全性等特性，因此被广泛应用于企业和组织的数据管理系统中。

知识拓展 >>>

随着数据库技术的不断发展，关系和关系模式也在不断演变以适应新的应用需求和技术趋势。

1. 关系的演变

（1）动态关系与数据流。

随着实时数据分析和流处理技术的兴起，关系不再仅仅是静态的数据结构，而是可以表示动态的数据流之间的关系。例如，在物联网应用中，传感器产生的数据是实时的，数据库需要能够处理这些持续不断流入的数据，并实时分析它们之间的关系。

（2）图关系与图数据库。

传统的关系数据库主要用于处理表格形式的数据，但随着数据复杂性的增加，图关系变得越来越重要。图数据库如 Neo4j 等，专门用于处理由节点和边构成的网络关系，这种关系表达方式对于社交网络、知识图谱等应用非常有用。

（3）多维关系与多维数据库。

在商业智能（Business Intelligence，BI）和数据分析领域，多维关系模型（如星型模型、雪花模型）被广泛应用于数据仓库设计。这些模型允许用户从不同维度分析数据，为复杂的数据分析提供了强大的支持。

2. 新型关系模式

（1）非结构化数据的关系模式。

随着大数据和 NoSQL 数据库的兴起，非结构化数据（如文本、图像、视频等）的处理变得越来越重要。虽然这些数据可能不符合传统的关系模式，但我们可以设计新的关系模式来存储和查询这些非结构化数据，如使用基于文档的数据库 MongoDB 等。

（2）分布式关系模式。

随着云计算和分布式数据库的普及，关系模式也需要适应这种分布式环境。例如，在 Google Cloud Spanner、Amazon Aurora 等分布式数据库中，关系模式被设计为跨多个节点和数据中心复制和分片，以确保数据的高可用性和持久性。

（3）时序关系模式。

在处理时间序列数据（如股票价格、传感器读数等）时，我们需要设计能够捕捉时间序列数据之间关系的关系模式。这些模式通常包括时间戳、数据值和与其他时间序列数据的关系等信息。

（4）安全与隐私保护的关系模式。

随着数据安全和隐私保护意识的提高，关系模式的设计也需要考虑这些因素。例如，我们可以使用加密技术来保护敏感数据，并在关系模式中添加访问控制和审计日志等功能来确保数据的安全性。

这些新的发展方向不仅提高了数据库的性能和可扩展性，还为各种新的应用场景提供了强大的支持。

2.2 关系的完整性

关系数据库的完整性是指数据库中数据的准确性、一致性和有效性。它包括实体完整性、参照完整性和用户定义的完整性。实体完整性确保每张表中的主码都是唯一且非空的；参照完整性确保表之间的关系是有效的；而用户定义的完整性由用户自定义的约束条件来确保数据的有效性。通过这些完整性约束，关系数据库可以保证数据的准确性和一致性，从而提高数据的质量和可靠性。

2.2.1 实体完整性

【规则 2.1 实体完整性规则】 实体完整性规则是指每个关系都必须有主码，而作为主码的所有字段，其属性必须唯一且非空。

实体完整性是关系模型必须满足的约束条件，目的是保证数据的唯一性和一致性，防止出现重复的数据或无效的数据。

例如，学生关系模式 Student（学号，姓名，性别，年龄，系部）中，属性"学号"是主码，则"学号"列中的每个值都必须唯一且非空，这样可以确保每个学生都有一个唯一的标识，并且没有学生的"学号"值为空或重复。

又如，选课关系模式 SC（学号，课程号，成绩）中，主码是（学号，课程号），则不允许有任意两行的学号和课程号的值是完全相同的，此外，学号和课程号的值都不能取为空值。

如果违反了实体完整性，那么就会导致数据不一致和错误。因此，实体完整性约束对于维护数据库中数据的准确性和一致性是非常重要的。

2.2.2 参照完整性

定义 2.5 如果关系 R 的一个或一组属性 F 不是 R 的主码，而是另一个关系 S 的主码，则该属性或属性组 F 称为关系 R 的外码或外键，并称关系 R 为参照关系，关系 S 为被参照关系。

【例 2.1】 定义学生关系 Student（Sno，Sname，Ssex，Sage，Sdept），课程关系 Course（Cno，Cname，Cpno，Ccredit），选修关系 SC（Sno，Cno，Score）。其中，Student 关系的主码是 Sno，Course 关系的主码是 Cno，SC 关系的主码是（Sno，Cno），Sno 是 SC 关系的外码，Cno 也是 SC 关系的外码。Student 关系和 Course 关系称为被参照关系，SC 关系称为参照关系。

【规则 2.2 参照完整性规则】 若属性或属性组 F 是基本关系 R 的外码，它与基本关系 S 的主码 K_s 相对应（基本关系 R 和 S 不一定是不同的关系），则对于 R 中的每个元组在 F 上的值必须为以下两类值。

（1）空值，即 F 的每个属性值均为空值。

（2）S 中某个元组中的主码值。

也就是说，参照关系中的属性值必须能够在被参照关系中找到或取空值，否则不符合数据库的语义。在实际操作时，如更新、删除、插入一张表中的数据，可通过参照引用相互关联的另一张表中的数据来检查对表的数据操作是否正确，若不正确则拒绝操作。

例如，例 2.1 中定义的 SC 关系的外码 Sno 的取值必须是 Student 关系中已经有的学生的学号，同样地，外码 Cno 的取值必须是 Course 关系中已经有的课程的课程号。注意：Sno 和 Cno 都是 SC 的主属性，根据实体完整性规则，这两个属性不能取空值。

又如，在关系学生（学号，姓名，性别，年龄，专业号，班长）中，"学号"属性是主码，"班长"属性表示该学生所在班级的班长的学号，因此它应用的是本关系"学号"属性。按照参照完整性规则，"班长"属性可以取以下两类值。

（1）空值，表示该学生所在班级尚未选出班长。

（2）非空值，该值必须是本关系中某个元组的学号值，即当选为班长的学生的学号值。

2.2.3 用户定义的完整性

定义 2.6 不同的关系数据库系统根据其应用环境的不同，往往还需要一些特殊的约束条件。用户定义的完整性是针对某个特定关系数据库的约束条件，它反映了某一具体应用必须满足的语义要求。

例如，例 2.1 中定义的 SC 关系的属性 Score 的取值约定为 0 ~100，这就是用户定义的完整性。

知识拓展 >>>

随着数据库技术的不断演进，关系的完整性已经成为一个多维度、多层次的概念，其要求不再单一，而是呈现出更为丰富和复杂的特点。

1. 数据一致性的新挑战

在分布式数据库系统中，由于数据被分片到不同的节点或数据中心，维护数据的一致性变得更加复杂。关系的完整性在这种情况下需要确保跨节点的数据更新和查询结果是一致的。例如，在分布式事务中，关系的完整性要求所有相关节点的数据变更必须同步进行，以避免出现数据不一致的情况。

2. 实时数据的完整性

随着实时数据库和流处理技术的应用，关系的完整性需要适应数据流的特点。这意味着不仅要保证静态数据的完整性，还要确保实时流入的数据符合预设的完整性约束。例如，在实时分析系统中，新流入的数据必须遵守与已有数据相同的完整性规则，以确保分析结果的准确性。

3. 安全性与隐私保护

在新的数据库发展趋势下，关系的完整性还需要考虑数据的安全性和隐私保护。这包括确保数据的加密、访问控制和审计日志等功能的实现，以保护敏感数据不被非法访问或篡改。例如，在医疗信息系统中，关系的完整性要求不仅数据之间需要保持一致性，还需要确保患者隐私不被泄露。

4. 多源数据的完整性融合

随着大数据和物联网技术的应用，数据库可能需要从多个来源整合数据。在这种情况下，关系的完整性需要确保来自不同源的数据能够正确地融合，并保持数据间的一致性。例如，在智能城市中，交通、环境、能源等多个系统的数据需要整合分析，关系的完整性要求这些数据在融合过程中保持准确性和一致性。

5. 弹性扩展与容错性

现代数据库系统需要具备弹性扩展和容错性，以适应不断增长的数据量和可能的硬件故障。在这种情况下，关系的完整性需要确保数据的可靠性和稳定性。例如，在云计算环境中，关系的完整性要求数据库能够在节点故障时自动进行数据迁移和恢复，以保证数据的完整性和可用性。

综上所述，关系的完整性在数据库新发展中呈现出更加复杂和多元化的要求。它不仅涉及传统的数据一致性和正确性，还涵盖了实时数据、分布式系统、安全性与隐私保护、多源数据融合及弹性扩展等多个方面。

2.3　关系代数

关系模型由**关系数据结构**、**关系操作**和**关系完整性约束** 3 部分组成。2.1 节和 2.2 节分别介绍了关系数据结构和关系完整性约束，本节将重点介绍关系操作及其相关概念。关系代数是一种用于描述和操作关系数据库中数据的数学工具，它包括一系列的操作符和规则，用于对关系进行操作和组合。关系代数可以用来进行关系的投影、选择、连接、并集、差集等操作，从而实现对数据库中数据的查询和处理。它是关系数据库理论的基础，也是数据库系统中的重要组成部分，能够帮助用户更加高效地管理和处理数据。

2.3.1　关系代数运算符

任何一种运算都是将一定的运算符作用于一定的运算对象上，得到预期的运算结果。因此，**运算对象**、**运算符**、**运算结果**是运算的三大要素。关系代数的运算对象是关系，运算结果亦为关系。

关系代数用到的运算符包括 4 类：集合运算符、专门的关系运算符、比较运算符和逻辑运算符。

1. 集合运算符

集合运算符包括 ∪（并）、∩（交）、−（差）和×（笛卡儿积）。

2. 专门的关系运算符

专门的关系运算符包括 σ（选择）、Π（投影）、⋈（连接）、÷（除）。

3. 比较运算符

比较运算符包括>（大于）、⩾（大于或等于）、<（小于）、⩽（小于或等于）、=（等于）、<>（不等于）。

4. 逻辑运算符

逻辑运算符包括∧（与）、∨（或）、¬（非）。

比较运算符和逻辑运算符是用来辅助专门的关系运算符进行操作的，所以按照运算符的不同，主要将关系代数分为**传统的集合运算**和**专门的关系运算**两类。

2.3.2 传统的集合运算

传统的集合运算是二目运算，包括并、交、差和笛卡儿积 4 种类型。

设关系 R 和关系 S 具有相同的目 n（即两个关系都有 n 个属性），且相应的属性取自同一个域，t 是元组变量，$t \in R$ 表示 t 是 R 的一个元组。

1. 并操作

（1）形式化定义：$R \cup S = \{t \mid t \in R \lor t \in S\}$，得到的结果仍为 n 目关系，由属于 R 或 S 的元组组成。

（2）特点：用来合并两个关系中的数据，去除重复元组，实现数据的整合和去重。

2. 交操作

（1）形式化定义：$R \cap S = \{t \mid t \in R \land t \in S\}$，得到的结果仍为 n 目关系，由既属于 R 又属于 S 的元组组成。

（2）特点：用来获取两个关系中共同存在的元组，实现数据的交集比较和筛选。

3. 差操作

（1）形式化定义：$R - S = \{t \mid t \in R \land t \notin S\}$，得到的结果仍为 n 目关系，由属于 R 但不属于 S 的元组组成。

（2）特点：用来从一个关系中去除与另一个关系相同的元组，实现数据的差异比较和筛选。

4. 笛卡儿积操作

（1）形式化定义：$R \times S = \{\widehat{t_r t_s} \mid t_r \in R \land t_s \in S\}$，若 R 为 n 目关系，有 k_1 个元组，S 为 m 目关系，有 k_2 个元组，则结果为 $k_1 \times k_2$ 行、$n + m$ 列元组的集合，元组的前 n 列是关系 R 的一个元组，后 m 列是关系 S 的一个元组。

（2）特点：笛卡儿积操作可以用来获取两个关系中元组的所有可能组合，实现数据的排列组合和全排列。

【例 2.2】　求两个给定关系 R 和 S 的并集、交集、差集和笛卡儿积运算，如图 2.1 所示。

A	B	C
a_1	b_1	c_1
a_1	b_2	c_2
a_2	b_2	c_1

（a）

A	B	C
a_1	b_2	c_2
a_1	b_3	c_2
a_2	b_2	c_1

（b）

A	B	C
a_1	b_1	c_1
a_1	b_2	c_2
a_2	b_2	c_1
a_1	b_3	c_2

（c）

A	B	C
a_1	b_2	c_2
a_2	b_2	c_1

（d）

$R.A$	$R.B$	$R.C$	$S.A$	$S.B$	$S.C$
a_1	b_1	c_1	a_1	b_2	c_2
a_1	b_1	c_1	a_1	b_3	c_2
a_1	b_1	c_1	a_2	b_2	c_1
a_1	b_2	c_2	a_1	b_2	c_2
a_1	b_2	c_2	a_1	b_3	c_2
a_1	b_2	c_2	a_2	b_2	c_1
a_2	b_2	c_1	a_1	b_2	c_2
a_2	b_2	c_1	a_1	b_3	c_2
a_2	b_2	c_1	a_2	b_2	c_1

A	B	C
a_1	b_1	c_1

（e）

（f）

图 2.1　关系的传统集合运算示例

（a）关系 R；（b）关系 S；（c）$R \cup S$；（d）$R \cap S$；（e）$R-S$；（f）$R \times S$

从例 2.2 的运算结果可以看出，并操作可以实现数据更新，该例中的并操作实现了在 R 中插入新元组 (a_1,b_3,c_2)；交操作可以实现数据查询，该例中的交操作实现了在 R 中查找元组 (a_1,b_2,c_2) 和 (a_2,b_2,c_1)；差操作可以实现数据更新，该例中的差操作实现了在 R 中删除元组 (a_1,b_2,c_2) 和 (a_2,b_2,c_1)；笛卡儿积就是广义笛卡儿积，可以实现两个关系的全排列组合。

2.3.3　专门的关系运算

传统的集合运算将关系看作元组的集合，是从行的角度进行的，而专门的关系运算不仅涉及行，而且涉及列。专门的关系运算包括选择、投影、连接、除运算。为了方便描述，先引入以下几个记号。

（1）设关系模式为 $R(A_1,A_2,\cdots,A_n)$，它的一个关系设为 R，$t \in R$ 表示 t 是 R 的一个元组，$t[A_i]$ 则表示元组 t 中对应于属性 A_i 的一个分量。

（2）若 $A=\{A_{i1},A_{i2},\cdots,A_{ik}\}$，其中 $A_{i1},A_{i2},\cdots,A_{ik}$ 是 $A_1,A_2,\cdots,A_n$ 中的一部分，则 A 称为属性列或属性组。$t[A]=(t[A_{i1}],t[A_{i2}],\cdots,t[A_{ik}])$ 表示元组 t 在属性组 A 上诸分量的集合。$\overline{A}$ 则表示 $\{A_1,A_2,\cdots,A_n\}$ 中去掉 $\{A_{i1},A_{i2},\cdots,A_{ik}\}$ 后剩余的属性组。

（3）R 为 n 目关系，S 为 m 目关系。$t_r \in R$，$t_s \in S$，$\widehat{t_r t_s}$ 称为元组的连接。$\widehat{t_r t_s}$ 是一个 $n+m$ 列的元组，前 n 个分量为 R 中的一个 n 元组，后 m 个分量为 S 中的一个 m 元组。

（4）给定一个关系 $R(X,Z)$，X 和 Z 为属性组。当 $t[X]=x$ 时，x 在 R 中的象集为 $Z_x=$

$\{t[Z] \mid t \in R, t[X] = x\}$，它表示 R 中属性组 X 上值为 x 的诸元组在 Z 上分量的集合。

【例 2.3】 针对表 2.3 给定的关系 SC，求 Sno 在 Cname 上的象集。

表 2.3　SC

Sno	Cname
2301	C 语言
2301	数据库
2301	英语
2302	数据库
2302	英语
2303	C 语言
2303	数据结构

在本例中，各个 Sno 在 Cname 上的象集如下：

2301 在 SC 中的象集为 $Cname_{2301} = \{C\ 语言, 数据库, 英语\}$；

2302 在 SC 中的象集为 $Cname_{2302} = \{数据库, 英语\}$；

2303 在 SC 中的象集为 $Cname_{2303} = \{C\ 语言, 数据结构\}$。

从这里可以看出，象集是针对某列的一个具体值，并取出它在其他列上的值构成的集合。

下面介绍几种专门的关系运算。

1. 选择操作

（1）形式化定义：$\sigma_F(R) = \{t \mid t \in R \wedge F(t) = '真'\}$，从关系 R 中选择使逻辑表达式 F 为真的元组。

（2）特点：用来筛选出关系中符合特定条件的元组，从而实现数据的筛选和过滤。

2. 投影操作

（1）形式化定义：$\Pi_A(R) = \{t[A] \mid t \in R\}$，从 R 中选择出若干属性组组成新的关系，其中 A 表示 R 中的属性组。

（2）特点：用来获取关系中特定属性的信息，去除冗余数据，实现数据的精简和整合。

3. 连接操作

（1）形式化定义：$R \underset{A\theta B}{\bowtie} S = \{\widehat{t_r t_s} \mid t_r \in R \wedge t_s \in S \wedge t_r[A] \theta t_s[B]\}$，连接运算从 R 和 S 的广义笛卡儿积 $R \times S$ 中选取关系 R 在属性组 A 上的值与关系 S 在属性组 B 上的值满足比较关系 θ 的元组。

（2）特点：用来将两个关系中相关联的数据进行组合，实现数据的关联查询和整合。

（3）类型：一般连接、等值连接、自然连接。

θ 为 "＝" 的连接运算，称为**等值连接**，即 $R \underset{A=B}{\bowtie} S = \{\widehat{t_r t_s} \mid t_r \in R \wedge t_s \in S \wedge t_r[A] = t_s[B]\}$。

自然连接是一种特殊的等值连接，它要求两个关系中进行比较的分量必须是相同的属性组，并且要在结果中把重复的属性组去掉，即 $R \bowtie S = \{ \widehat{t_r t_s} \mid t_r \in R \wedge t_s \in S \wedge t_r[B] = t_s[B] \}$。

【例 2.4】 连接操作示例如图 2.2 所示。

R

A	B	C
a_1	b_1	2
a_1	b_2	4
a_2	b_3	8
a_2	b_4	10

（a）

S

B	D
b_1	1
b_2	3
b_2	6
b_4	4

（b）

$R \bowtie S$
C<D

A	R.B	C	S.B	D
a_1	b_1	2	b_2	3
a_1	b_1	2	b_2	6
a_1	b_1	2	b_4	4
a_1	b_2	4	b_2	6

（c）

$R \bowtie S$
R.B=S.B

A	R.B	C	S.B	D
a_1	b_1	2	b_1	1
a_1	b_2	4	b_2	3
a_1	b_2	4	b_2	6
a_2	b_4	10	b_4	4

（d）

$R \bowtie S$

A	B	C	D
a_1	b_1	2	1
a_1	b_2	4	3
a_1	b_2	4	6
a_2	b_4	10	4

（e）

图 2.2 连接操作示例

（a）关系 R；（b）关系 S；（c）一般连接；（d）等值连接；（e）自然连接

4. 除操作

（1）形式化定义：$R \div S = \{ t_r[X] \mid t_r \in R \wedge \Pi_Y(S) \subseteq Y_x \}$，结果是指 R 中的元组在 X 上分量值 x 的象集 Y_x 包含 S 在 Y 上投影的集合。

（2）特点：用来找出一个关系中的所有元组都能与另一个关系中的所有元组匹配的元组。

下面针对图 2.3 中的 3 个关系 Student、Course、SC，给出专门的关系运算的例子。

Sno	Sname	Sdept	Ssex	Sage
2301	张雯	信息系	女	20
2302	李宇轩	数学系	男	22
2303	刘畅	计科系	男	21
2304	王佳慧	计科系	女	20

（a）

Cno	Cname	Ccredit	Teacher
1	数据库	4	张斌
2	计算机网络	3	王强
3	多媒体技术	2	何莉莉
4	操作系统	3	李凡
5	数据结构	4	程大为

（b）

Sno	Cno	Score
2301	1	90
2301	2	82
2301	3	93
2301	4	85
2301	5	78
2302	2	91
2303	4	88
2304	1	80
2304	5	92

（c）

图 2.3 学生-课程数据库的数据示例

（a）Student 关系；（b）Course 关系；（c）SC 关系

【例 2.5】 查询计科系的学生信息。

$$\sigma_{\text{Sdept}='\text{计科系}'}(\text{Student})$$

例 2.5 的查询结果如表 2.4 所示。

表 2.4　例 2.5 的查询结果

Sno	Sname	Sdept	Ssex	Sage
2303	刘畅	计科系	男	21
2304	王佳慧	计科系	女	20

【例 2.6】 查询学分大于 3 的课程信息。

$$\sigma_{\text{Ccredit}>3}(\text{Course})$$

例 2.6 的查询结果如表 2.5 所示。

表 2.5　例 2.6 的查询结果

Cno	Cname	Ccredit	Teacher
1	数据库	4	张斌
5	数据结构	4	程大为

【例 2.7】 查询学生的学号、姓名和年龄。

$$\Pi_{\text{Sno,Sname,Sage}}(\text{Student})$$

例 2.7 的查询结果如表 2.6 所示。

表 2.6　例 2.7 的查询结果

Sno	Sname	Sage
2301	张雯	20
2302	李宇轩	22
2303	刘畅	21
2304	王佳慧	20

【例 2.8】 查询选修了所有课程的学生学号。

$$\Pi_{\text{Sno,Cno}}(\text{SC}) \div \Pi_{\text{Cno}}(\text{SC})$$

例 2.8 的查询结果如表 2.7 所示。

表 2.7　例 2.8 的查询结果

Sno
2301

【例 2.9】 查询选修了 1 号课程的学生学号和姓名。

$$\Pi_{\text{Sname}}(\text{Student} \bowtie \Pi_{\text{Sno}}(\sigma_{\text{Cno}='1'}(\text{SC})))$$

例 2.9 的查询结果如表 2.8 所示。

表 2.8　例 2.9 的查询结果

Sno	Sname
2301	张雯
2304	王佳慧

【例 2.10】　查询选修了操作系统课程的学生学号和姓名。

$$\Pi_{Sno,Sname}(\text{Student} \bowtie \Pi_{Sno}(\text{SC} \bowtie \Pi_{Cno}(\sigma_{Cname='操作系统'}(\text{Course}))))$$

例 2.10 的查询结果如表 2.9 所示。

表 2.9　例 2.10 的查询结果

Sno	Sname
2301	张雯
2303	刘畅

知识拓展　　　　　　　　　　　　　　　　　　　　　　>>>

　　除了基本操作，关系代数还有一些扩展操作，如交、除和广义投影等。这些操作可以进一步增强关系代数的表达能力。

　　此外，还有一种时态关系代数，它是关系代数的一个扩展，用于处理包含时间元素的数据。它引入了时间维度，可以用来查询和操作随时间变化的数据。这对于需要处理时间序列数据或历史数据的数据库系统来说非常重要。

　　总的来说，关系代数是数据库查询和处理的重要工具，它提供了一套完整且强大的操作来处理和转换关系数据。通过学习和掌握关系代数的知识和技巧，可以有效地进行数据查询、数据转换和数据挖掘等工作。

2.4　关系代数表达式的等价变换

　　在 2.3 节中，我们详细讨论了关系代数表达式的基本操作，包括选择、投影、连接、并、差和笛卡儿积等，以及它们在关系数据库中的应用。而在本节中，我们将进一步探讨关系代数表达式的等价变换规则，包括连接、笛卡儿积的交换律、结合律，投影、选择、并运算、差运算的分配律等。这些等价变换规则可以帮助我们对关系代数表达式进行简化和优化，使关系操作更加高效和灵活。通过深入理解和灵活运用这些等价变换规则，我们可以更好地处理和优化关系数据库中的查询等操作，提高数据处理的效率和性能。

2.4.1　关系代数表达式的基本形式

　　关系代数是关系数据库中用于描述数据操作和查询的形式化语言，其基本形式包括以下几种操作。

（1）选择：$\sigma_{<条件>}(R)$，用于从关系 R 中选择满足指定条件的元组。

（2）投影：$\Pi_{<属性列表>}(R)$，用于从关系 R 中选择指定的属性列，生成一个新的关系。

（3）连接：$R_1 \bowtie R_2$，用于将两个关系 R_1 和 R_2 按照指定的连接条件进行连接，生成一个新的关系。

（4）除：$R_1 \div R_2$，用于计算关系 R_1 中存在于关系 R_2 中的所有属性值组合的商集合。

（5）并、交、差、笛卡儿积等集合运算：$R_1 \cup R_2$、$R_1 \cap R_2$、$R_1 - R_2$、$R_1 \times R_2$，用于对两个关系 R_1、R_2 进行并、交、差、笛卡儿积等集合操作。

以上是关系代数的基本形式，通过这些操作可以描述和实现关系数据库中的数据操作和查询。

2.4.2　关系代数表达式的等价变换规则

关系代数表达式具有多种等价变换规则，包括以下内容。

1. 连接、笛卡儿积的交换律

$$R_1 \bowtie R_2 = R_2 \bowtie R_1$$

$$R_1 \times R_2 = R_2 \times R_1$$

2. 连接、笛卡儿积的结合律

$$(R_1 \bowtie R_2) \bowtie R_3 = R_1 \bowtie (R_2 \bowtie R_3)$$

$$(R_1 \times R_2) \times R_3 = R_1 \times (R_2 \times R_3)$$

3. 投影的串接定律

$$\Pi_{<属性1, 属性2>}(\Pi_{<属性3>}(R)) = \Pi_{<属性1, 属性2, 属性3>}(R)$$

4. 选择的串接定律

$$\sigma_{<条件1>}(\sigma_{<条件2>}(R)) = \sigma_{<条件1 \wedge 条件2>}(R)$$

5. 选择与投影的交换律

$$\sigma_{<条件>}(\Pi_{<属性1, 属性2>}(R)) = \Pi_{<属性1, 属性2>}(\sigma_{<条件>}(R))$$

6. 选择与笛卡儿积的交换律

$$\sigma_{<条件>}(R_1 \times R_2) = (\sigma_{<条件>}(R_1)) \times R_2 = R_1 \times (\sigma_{<条件>}(R_2))$$

7. 选择与并运算的分配律

$$\sigma_{<条件>}(R_1 \cup R_2) = \sigma_{<条件>}(R_1) \cup \sigma_{<条件>}(R_2)$$

8. 选择与差运算的分配律

$$\sigma_{<条件>}(R_1 - R_2) = \sigma_{<条件>}(R_1) - \sigma_{<条件>}(R_2)$$

9. 选择与自然连接的分配律

$$\sigma_{<条件>}(R_1 \bowtie R_2) = \sigma_{<条件>}(R_1) \bowtie R_2 \cup R_1 \bowtie \sigma_{<条件>}(R_2)$$

10. 投影与笛卡儿积的分配律

$$\Pi_{<属性1, 属性2>}(R_1 \times R_2) = \Pi_{<属性1>}(R_1) \times \Pi_{<属性2>}(R_2)$$

11. 投影与并运算的分配律

$$\Pi_{<属性1, 属性2>}(R_1 \cup R_2) = \Pi_{<属性1, 属性2>}(R_1) \cup \Pi_{<属性1, 属性2>}(R_2)$$

这些等价变换规则可以帮助我们进行关系代数表达式的简化和优化，从而更高效地进行关系操作。

知识拓展

关系代数表达式及其优化的应用场景主要包括以下几个方面。

1. 数据库查询优化

在大型数据库中，查询效率至关重要。关系代数表达式的优化可以帮助提高查询速度，减少资源消耗。例如，在选择操作中，通过下推选择条件到尽可能早的处理阶段，可以大幅减少需要处理的数据量。DBMS 经常使用关系代数表达式来表示和执行用户的查询请求。对这些表达式进行优化，可以显著提高系统的响应速度和用户体验。

2. 数据挖掘

在数据挖掘领域，关系代数表达式被用于从海量数据中提取有用的信息和模式。优化后的关系代数表达式能够更高效地处理这些数据，揭示出隐藏在其中的关联、趋势和异常。例如，在市场篮子分析中，可以使用优化后的关系代数表达式来快速识别经常被一起购买的商品组合，这对于制定营销策略至关重要。

3. 大数据分析

在处理大数据时，关系代数表达式的优化尤为重要。大数据集通常包含数十亿甚至更多的记录，因此需要高效的查询处理机制。通过优化关系代数表达式，可以加快数据分析的速度，及时发现数据中的价值，为企业的决策提供有力支持。

4. 计算机科学和人工智能

关系代数在计算机科学中作为数据结构和算法设计的理论基础，优化关系代数表达式有助于提高算法的效率和性能。在人工智能领域，关系代数表达式可用于知识表示和推理。优化后的关系代数表达式能够更快速地完成推理任务，提升智能系统的响应速度和准确性。

通过优化关系代数表达式，可以显著提高数据处理和查询的效率，为各种应用场景提供有力支持。

2.5　小结

本章介绍了关系数据库的核心概念和技术。

首先，介绍了关系数据结构及其形式化定义，包括关系、元组和属性的概念，以及关系数据库是如何组织和存储数据的。

其次，介绍了关系数据库的完整性，包括实体完整性、参照完整性和用户定义的完整性，以及如何设计和实现这些约束条件，以确保数据库中的数据完整性和一致性。

最后，介绍了关系代数及其表达式，包括传统的集合运算（并、交、差、笛卡儿积）和专门的关系运算（选择、投影、连接、除）。介绍了如何使用这些运算进行数据查询、过滤和组合，以及如何利用它们来操作关系数据库中的数据。同时，介绍了关系代数表达式的等价变换规则，以便用户更高效地进行数据操作和查询。

通过学习本章内容，我们不仅掌握了关系数据库的基本原理和技术，还培养了数据管理的责任意识，为实际工作中处理和管理大量数据提供了重要的基础和支持。

拓展阅读

1. 阳振坤，杨传辉，韩富晟，等. OceanBase 分布式关系数据库架构与技术 [J]. 计算机研究与发展，2024（03）：540-554.

2. 姜宗林，李志军，顾海军. 融合知识表示的关系型数据库操作框架 [J]. 计算机科学，2022，49（S2）：280-288.

3. 韩啸，章哲庆，严丽. 基于关系数据库的时态 RDF 建模 [J]. 计算机科学，2022，49（11）：90-97.

4. 张俊，廖雪花，余旭玲，等. 关系型数据库内存化存储模型研究 [J]. 计算机工程与应用，2021，57（19）：123-128.

5. 熊定富. 基于关系数据库的报纸题录数据结构研究 [J]. 新世纪图书馆，2022，（03）：35-38+52.

习　题

一、单项选择题

1. 一个关系只有一个（　　）。

A. 候选码　　　　　　B. 外码　　　　　　C. 超码　　　　　　D. 主码

2. 关系模型中，一个码（　　）。

A. 可以由任意多个属性组成

B. 至多由一个属性组成

C. 由一个或多个属性组成，其值能够唯一标识关系中的一个元组

D. 以上都不是

3. 有如下关系：患者（患者编号，患者姓名，性别，出生日期，所在单位），医疗（医生编号，医生姓名，患者编号，诊断日期，诊断结果）。其中，医疗关系中的外码是（　　）。

A. 患者编号　　　　　　　　　　B. 患者姓名

C. 患者编号和患者姓名　　　　　D. 医生编号和患者编号

4. 关系数据库管理系统应能实现的专门关系运算包括（　　）。

A. 排序、索引、统计　　　　　　B. 选择、投影、连接

C. 关联、更新、排序　　　　　　D. 显示、打印、制表

5. 关系数据库中的投影操作是指从关系中（　　）。

A. 抽出特定记录　　　　　　　　B. 抽出特定字段

C. 建立相应的影像　　　　　　　D. 建立相应的图形

6. 关系代数中的连接操作是由（　　）操作组合而成的。

A. 选择和投影　　　　　　　　　　B. 选择和笛卡儿积

C. 投影和选择　　　　　　　　　　D. 投影和笛卡儿积

7. 一般情况下，对关系 R 和 S 进行自然连接，要求 R 和 S 有一个或多个共有的（　　）。

A. 记录　　　　　B. 行　　　　　C. 属性　　　　　D. 元组

8. 关系操作中，操作的结果和对象都是（　　）。

A. 记录　　　　　B. 集合　　　　　C. 元组　　　　　D. 列

9. 假设在一张职工表中包含"性别"属性，要求这个属性的值只能取"男"或"女"，这属于（　　）。

A. 实体完整性　　　　　　　　　　B. 参照完整性

C. 用户定义的完整性　　　　　　　D. 关系不变性

10. 有两个关系 R (A, B, C) 和 S (B, C, D) 进行自然连接，得到的结果包含（　　）个列。

A. 6　　　　　　B. 4　　　　　　C. 5　　　　　　D. 2

二、判断题

1. 在关系模型中，非主属性可能出现在某个候选码中。　　　　　　　　（　　）

2. 职工（职工号，姓名，年龄，部门号），部门（部门号，部门名称）存在引用关系。职工关系是参照关系，其部门号是外码。　　　　　　　　　　　　　　（　　）

3. 关系模型的一个特点是，实体及实体之间的联系都可以使用相同的结构类型来表示。
　　　　　　　　　　　　　　　　　　　　　　　　　　　　　　　　（　　）

4. 关系模式是对关系的描述，关系是关系模式在某一时刻的状态或内容。　（　　）

三、简答题

1. 关系模型由哪几个部分组成？

2. 举例说明实体完整性、参照完整性和用户定义的完整性。

3. 等值连接和自然连接有什么区别和联系？

4. 理解并解释几个术语：域、笛卡儿积、关系、元组、属性、候选码、主码、外码、主属性、非主属性、关系模式、关系、关系数据库。

5. 在参照完整性中，什么情况下外码属性的值可以为空值？

四、用关系代数表达式完成查询

1. 职工-部门数据库：

职工（职工号，姓名，性别，职务，家庭地址，部门编号）

部门（部门编号，部门名称，地址，电话）

保健（保健卡编号，职工号，检查日期，健康状况）

（1）查询所有女科长的职工号和姓名；

（2）查询"办公室"中科长的姓名和性别；

（3）查询"财务科"中健康状况为"良好"的职工的姓名和家庭地址。

2. 仓库-商品数据库：

　　　　　　仓库（仓库编号，仓库名称，地址，保管员）

　　　　　　商品（商品编号，商品名称，价格，生产厂家）

　　　　　　存储（仓库编号，商品编号，库存数量）

（1）查询商品"篮球"存放的仓库编号和库存数量；

（2）查询保管员"张强"所在仓库的地址；

（3）查询存放"得力订书机"和"晨光中性笔"的仓库名称。

3. 学生-教师数据库：

　　　　　　学生（学号，学生姓名，性别，专业，出生日期）

　　　　　　教师（工号，教师姓名，所在部门，职称）

　　　　　　课程（课程编号，课程名称，学分）

　　　　　　授课（工号，学号，课程编号，教材，成绩）

（1）查询学习"数据库原理"课程且成绩不及格的学生姓名；

（2）查询讲授"英语"课程的教师所在部门和职称；

（3）查询"刘祥"老师所教课程名称和使用的教材。

习题答案

SQL 作为关系数据库标准语言，是数据库工程师必须掌握的重要技能。本章我们将学习 SQL 的基本概念、数据定义、数据查询、数据更新及索引和视图的应用。在学习过程中，我们可能会遇到如何优化查询效率、保障数据一致性的问题。同时，我们要了解 SQL 在金融、电商等行业中的广泛应用。通过学习本章，我们将更加熟悉数据库操作的核心技术，培养解决实际问题的能力及不断探索和创新的精神。

第 3 章

关系数据库标准语言 SQL

【学习目标】

（1）理解 SQL 的基本原理和核心概念，包括索引、视图等概念。

（2）掌握 SQL 语句的编写和运用，能够进行数据定义、数据查询、数据更新操作，以及视图操作。

（3）关注数据库管理中的伦理和社会责任问题，培养良好的职业道德和社会责任感。

（4）关注数据安全、隐私保护等重要议题，注重法律法规的遵守。

【学习难点】

（1）SQL 创建基本表时定义实体完整性、参照完整性、用户定义的完整性等。

（2）SQL 数据查询和更新的语法和逻辑结构，特别是复杂查询和数据更新操作的语句编写。

（3）SQL 进行视图创建和视图查询的操作，理解视图的作用。

【素养目标】

（1）通过 SQL 语句的编写和数据查询操作，培养逻辑思维和解决问题的能力。

（2）关注数据安全、隐私保护等伦理和社会责任问题，培养职业道德和社会责任感。

（3）在实际应用中，能灵活运用 SQL 技术解决问题，培养创新意识和实践能力。

3.1 SQL 概述

结构化查询语言（Structured Query Language，SQL）是一种用于管理关系数据库的标准化语言。它被广泛应用于数据库管理系统（DBMS）中，用于定义、查询和操作存储在其中的数据。SQL 具有简洁、灵活和强大的特性，它是数据管理领域的重要工具。

SQL 的主要功能包括数据查询、数据定义、数据操作和数据控制。通过 SQL，用户可以轻松地执行例如创建表、插入数据、更新记录、删除数据及查询数据等操作。SQL 语句由不同的子句组成，如 SELECT、INSERT、UPDATE、DELETE、CREATE、DROP 等，每条子句都有特定的功能和语法结构。

SQL 的优点之一是其标准化和通用性。几乎所有的关系数据库系统都支持 SQL，因此学习一次 SQL 就可以将其应用于多种不同的数据库平台。此外，SQL 的语法相对简单易懂，初学者也能够快速上手并进行基本的数据库操作。

另外，SQL 还支持复杂的数据查询和分析操作，包括多表连接、子查询、聚合函数等功能，用户能够根据特定需求从数据库中提取所需的信息。这些功能使 SQL 成为数据分析和报表生成的重要工具。

总之，SQL 作为一种强大的数据库管理语言，为用户提供了丰富的功能和灵活的操作方式，这使它成为数据管理领域的重要工具。无论是对于开发人员、数据分析师还是系统管理员来说，SQL 都是必备的技能之一。

3.1.1 SQL 的发展历程

SQL 的发展历程可以大致分为以下几个阶段。

（1）20 世纪 70 年代初：SQL 的雏形开始出现。在这个阶段，国际商业机器公司（International Business Machines Corporation，IBM）的工程师 Edgar F. Codd（埃德加·弗兰克·科德）首次提出了关系数据库的理论基础，并在 20 世纪 70 年代初发表了关系数据库的模型。这一时期还出现了一些早期的关系数据库系统，如 IBM 的 System R 和 Ingres。

（2）20 世纪 80 年代初：SQL 的标准化开始。在这个阶段，美国国家标准学会（American National Standards Institute，ANSI）开始着手制定 SQL 的标准，1986 年发布了 SQL:1986 标准。此后，国际标准化组织（International Standards Organization，ISO）也开始参与 SQL 标准的制定工作。

（3）20 世纪 80 年代末至 90 年代初：SQL 的标准逐渐完善。在这个阶段，SQL 标准逐渐完善，包括 SQL:1989、SQL:1992 等版本的标准相继发布。此时，SQL 已经成为关系数据库系统的事实标准语言。

（4）21 世纪初至今：SQL 的发展与扩展。随着互联网和大数据时代的到来，SQL 也在不断发展与扩展，出现了一些新的 SQL 标准和扩展，如 SQL:1999、SQL:2003 等，以适应新的数据存储和处理需求。同时，一些开源的关系数据库系统，如 MySQL、PostgreSQL 等也推动了 SQL 的发展。

总的来说，SQL 作为关系数据库管理系统的标准化查询语言，在其发展历程中经历了从雏形到标准化，再到逐渐完善和扩展的过程。随着时代的变迁，SQL 也在不断适应新的需求和挑战，成为一种强大、灵活且不断发展的数据库管理语言。

3.1.2 SQL 的标准

SQL 的标准由 ISO 和 ANSI 联合制定和维护。ISO 于 2023 年 6 月 1 日正式发布了最新

SQL 标准，也就是 SQL:2023。

SQL 的最新标准包含以下内容。

第 1 部分：框架（SQL/框架）。

第 2 部分：基本原则（SQL/基本原则）。

第 3 部分：调用级接口（SQL/CLI）。

第 4 部分：持久存储模块（SQL/PSM）。

第 9 部分：外部数据管理（SQL/MED）。

第 10 部分：对象语言绑定（SQL/OLB）。

第 11 部分：信息与定义概要（SQL/Schemata）。

第 13 部分：使用 Java 编程语言的 SQL 程序与类型（SQL/JRT）。

第 14 部分：XML 相关规范（SQL/XML）。

第 15 部分：多维数组（SQL/MDA）。

第 16 部分：属性图查询（SQL/PGQ）。

新标准除了增强 SQL 和 JSON 相关功能外，最大的变化是新增的第 16 部分，这部分内容是为了在 SQL 中直接提供图形查询语言（Graph Query Language，GQL）功能。

3.1.3　SQL 的基本概念

SQL 的基本概念与数据库系统的三级模式结构相对应，如图 3.1 所示。其中，外模式对应于用户视图；模式对应于基本表；内模式对应于存储结构。

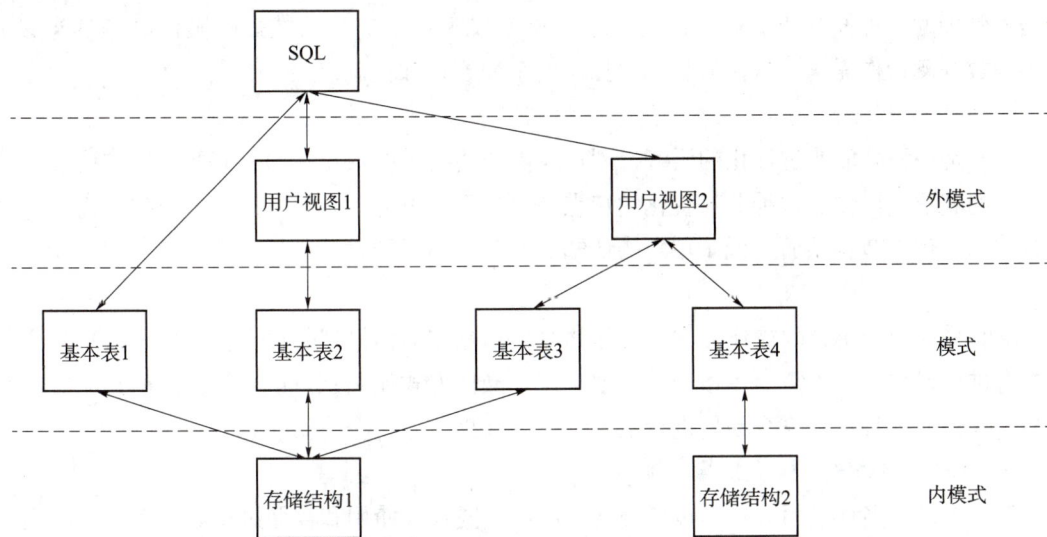

图 3.1　SQL 支持的数据库系统的三级模式结构

1. 外模式（用户视图）

外模式是用户能够看到和操作的数据的逻辑描述，它定义了用户能够访问的数据的部分，以及用户对数据的操作方式。在 SQL 中，外模式对应于用户视图，用户可以通过视图定义自己的数据访问方式，从而实现对数据库的个性化访问和操作。

2. 模式（基本表）

模式是数据库的全局逻辑结构和组织方式的描述，它定义了数据库中所有数据的逻辑结构、关系和约束。在 SQL 中，模式对应于基本表，它描述了数据的组织方式、关系之间的联系及数据的完整性约束等信息，为数据库的设计和管理提供了逻辑上的框架。

3. 内模式（存储结构）

内模式是数据库存储在物理介质上的实际存储结构和组织方式的描述，它定义了数据在磁盘上的存储方式、索引结构、数据的存储格式等物理层面的信息。在 SQL 中，内模式对应于数据库的存储结构，它描述了数据在磁盘上的实际存储方式，包括数据的存储位置、存储结构和访问路径等信息，为数据库的实际存储和访问提供了基础。

总之，外模式对应于用户视图；模式对应于基本表；内模式对应于存储结构。这 3 个概念共同构成了数据库系统的三级模式结构，在 SQL 中发挥着重要的作用。

● 3.1.4 SQL 的特点

SQL 设计的初衷，旨在提供一种简单、灵活、统一的数据库操作语言，使用户能够方便地对数据库进行各种操作，同时降低用户的认知负担，提高操作效率和灵活性。具体来说，SQL 具有以下几个特点。

1. 综合统一

SQL 具有综合统一的特点，它提供了对数据库的各种操作（包括数据查询、更新、插入、删除等）、对数据库结构的定义和修改（如创建表、定义索引、定义约束等），以及对数据库管理的各种控制和安全性管理。这使 SQL 成为一个综合的数据库操作语言，能够满足各种数据库操作需求，从而实现对数据库的全面管理和控制。

2. 高度非过程化

SQL 是一种高度非过程化的语言，用户只需描述所需的数据，而不需要指定如何实现这些数据的获取或操作。这种非过程化的特点使用户可以更专注于描述所需的数据，而不必关心具体的实现细节，从而降低了用户的认知负担，提高了开发效率。

3. 面向集合的操作方式

SQL 采用面向集合的操作方式，操作的对象和操作的结果都是集合。用户可以对整个数据集合进行操作，而不需要逐条处理数据。这种操作方式使用户可以用简洁的语句完成复杂的数据操作，并且可以更容易地进行数据分析和处理。

4. 以同一种语法结构提供多种使用方式

SQL 提供了多种使用方式，包括交互式使用、嵌入式使用和存储过程等，而这些不同的使用方式都是基于同一种语法结构的。这种特点使 SQL 具有很强的灵活性和通用性，可以适应不同的应用场景和需求。

5. 语言简洁，易学易用

SQL 语言具有较为简洁的语法结构，易于学习和使用。它采用了直观的关键字和语法规则，使用户可以用较少的代码完成复杂的数据库操作，降低了学习成本，提高了开发效率。同时，SQL 的易用性使用户可以更快速地实现对数据库的操作和管理。

知识拓展　　　　　　　　　　　　　　　　　　　　　　　>>>

　　MySQL 是一个关系数据库管理系统，由瑞典 MySQL AB 公司开发，目前属于 Oracle 旗下产品。它是目前最流行的关系数据库管理系统，特别是在 Web 应用方面。

1. 基本特性

　　(1) 关系数据库：MySQL 将数据保存在不同的表中，而非将所有数据放在一个大仓库内，从而提高了数据处理的速度和灵活性。

　　(2) SQL 支持：MySQL 使用的 SQL 是用于访问数据库的最常用的标准化语言。

　　(3) 开源与商业双授权：MySQL 软件采用了双授权政策，有社区版和商业版两种选择。

　　(4) 跨平台兼容性：支持 AIX、FreeBSD、HP-UX、Linux、Mac OS、Novell Netware、OpenBSD、OS/2 Wrap、Solaris、Windows 等多种操作系统。

2. 技术特点

　　(1) 多线程支持：充分利用 CPU 资源。

　　(2) 优化的查询算法：有效提高查询速度。

　　(3) 多种 API 支持：为多种编程语言提供了 API，如 C、C++、Python、Java、Perl、PHP、Eiffel、Ruby 等。

　　(4) 多语言支持：支持多种编码，如中文的 GB2312、BIG5，日文的 Shift_JIS 等。

　　(5) 多种数据库连接途径：提供 TCP/IP、ODBC 和 JDBC 等连接方式。

3. 应用场景

　　(1) 广泛应用于各种网站和应用程序，包括电子商务、社交媒体、博客、论坛等。

　　(2) 适用于企业级应用程序，如 ERP、CRM、人力资源管理等。

　　(3) 可用于数据仓库，以存储和分析大量数据。

　　(4) 在云计算环境中也有广泛应用，如 Amazon Web Services、Microsoft Azure 等云平台。

4. 其他特点

　　(1) 提供了多种管理工具，用于检查、优化数据库操作。

　　(2) 支持大型数据库，能处理成千上万条记录。

　　(3) 支持多种存储引擎，具有高度的灵活性。

　　(4) 由于其开源特性，用户无须支付额外费用。

5. 安全性与可靠性

　　(1) 提供了数据加密、访问控制、身份验证等安全功能。

　　(2) 具有高可用性和自动故障转移及恢复功能，确保数据的可靠性和稳定性。

　　MySQL 以其高性能、易用性、跨平台兼容性、开源性和强大的社区支持等特点，在全球范围内得到了广泛应用和认可。无论是个人用户还是大型企业，MySQL 都能为其提供稳定且高效的数据库解决方案。

| 3.2　数据定义 |

在 SQL 中，数据定义语言（DDL）用于定义和管理数据库中的数据结构，包括表、视图、索引等。

数据定义的主要操作包括创建、修改和删除数据库对象。通过 SQL 的 DDL 语句，可以创建新的数据库对象，如创建表、定义表的结构和约束条件，以及定义表之间的关系。此外，DDL 还可以用于修改数据库对象的结构，如添加新的列、修改列的数据类型或约束条件，以及删除数据库对象。

例如，使用 SQL 进行数据定义的典型操作包括以下几种。

（1）创建表：使用 CREATE TABLE 语句定义新的数据库表，包括定义表的名称、列名、数据类型、约束条件等。

（2）修改表的结构：使用 ALTER TABLE 语句修改现有表的结构，如添加列、修改列的数据类型或约束条件。

（3）删除表：使用 DROP TABLE 语句删除数据库中的表及其相关的数据。

总的来说，DDL 提供了丰富的语法和功能，用于管理数据库对象的结构和定义，使数据库管理员和开发人员都可以方便地创建、修改和删除数据库对象，从而满足不同的业务需求。

● 3.2.1　CREATE 语句

1. 数据库的定义

数据库定义的 SQL 命令的基本语法格式如下。

```
CREATE DATABASE database_name
[ON
(
    NAME=数据文件逻辑名称,
    FILENAME='路径+数据文件名',
    SIZE=数据文件初始大小,
    MAXSIZE=数据文件最大容量,
    FILEGROWTH=数据文件自动增长容量
)]
[LOG ON
(
    NAME=日志文件逻辑名称,
    FILENAME='路径+日志文件名',
    SIZE=日志文件初始大小,
    MAXSIZE=日志文件最大容量,
    FILEGROWTH=日志文件自动增长容量
)]
```

下面对其部分参数进行说明。

（1）ON 表示主数据文件的描述；LOG ON 表示事务日志的描述。

（2）用 "［ ］" 括起来的语句表示在创建数据库的过程中是可选的，如果不选用，则 DBMS 会按照默认值来进行创建。

（3）NAME：逻辑文件名，符合标识符的命名规则，在修改数据库文件时利用它来指定要修改的数据库文件。

（4）FILEGROWTH：数据库文件的自动增长率，可以是百分比，也可以是具体的值（单位为 MB）。

（5）SQL 语句不区分大小写，每一项的分隔符都是逗号，并且最后一项没有逗号。

【例 3.1】 用 SQL 语句创建一个数据库 JWGL，初始大小为 10 MB，最大值为 100 MB，数据库自动增长，增长方式是按 5% 的比例增长；日志文件的初始大小为 10 MB，最大可增长到 200 MB，按 2 MB 增长。数据库的逻辑文件名为 "JWGL_data"；物理文件名为 "JWGL _data. mdf"；存放路径为 "D：\JWGL_data"。日志文件的逻辑文件名为 "JWGL_log"；物理文件名为 "JWGL_log. ldf"；存放路径为 "D：\ JWGL_data"。

```
CREATE DATABASE JWGL
ON
( NAME= JWGL_data,
  FILENAME=' D:\ JWGL_data\ JWGL_data.mdf' ,
  SIZE=10MB,
  MAXSIZE=100MB,
  FILEGROWTH=5%
)
LOG ON
(
  NAME= JWGL_log,
  FILENAME=' D:\ JWGL_data\ JWGL_log.ldf' ,
  SIZE=10MB,
  MAXSIZE=200MB,
  FILEGROWTH=2MB
)
```

2. 基本表的定义

基本表定义的 SQL 命令的基本语法格式如下。

```
CREATE TABLE 表名(<列名><数据类型>[列级完整性约束条件]
                [ ,<列名><数据类型>[列级完整性约束条件]]
                …
                [ ,<表级完整性约束条件>]);
```

下面对其参数进行说明。

（1）表名：最大长度为 128 个字符的标识符，具有唯一性，用来标识数据库中的表。

（2）（）：括号内列出了表的列名和对应的数据类型，以及可选的列级完整性约束。

（3）列名：组成表的列名，用逗号分隔，用于标识表的属性。

（4）数据类型：指定了该列可以存储的数据类型，如整数、字符、日期等。SQL 提供的主要数据类型如表 3.1 所示。

表 3.1　SQL 提供的主要数据类型

数据类型	说明
INT	存储整数值
SMALLINT	存储较小范围的整数值
BIGINT	存储较大范围的整数值
DECIMAL(precision, scale)	存储精确的定点数，precision 表示总位数，scale 表示小数位数
NUMERIC(precision, scale)	与 DECIMAL 相同，用于存储精确的定点数
FLOAT(p)	存储浮点数值，p 表示精度
CHAR(n)	存储固定长度的字符，n 表示字符的长度
VARCHAR(n)	存储可变长度的字符，n 表示字符的最大长度
TEXT	存储大段文本数据
DATE	存储日期值
TIME	存储时间值
DATETIME	存储日期和时间值
TIMESTAMP	存储时间戳，通常用于记录数据的创建或修改时间
BOOLEAN	存储布尔值，通常表示真或假
BLOB	存储二进制数据，如图像、音频等

注：这些是 SQL 中常见的数据类型，不同的 DBMS 可能会有一些差异或扩展的数据类型。在创建表时，需要根据实际需求选择合适的数据类型来存储数据。

（5）列级/表级完整性约束条件：可选项，用于定义列的约束条件，如主码约束、唯一约束、外码约束等。

在使用这个语法格式创建表时，需要确保表名、列名、数据类型和约束条件都是正确的，并且符合 DBMS 的语法规则和约束条件。

【例 3.2】　为 JWGL 创建一张用于存储学生信息的表。

```
CREATE TABLE S1
( Sno char(12),
  Sname char(20),
  Ssex char(2),
  Sage smallint,
  Sdept char(20)
  );
```

执行该语句后，将会在数据库中创建一张名为 S1 的表，该表有 5 列：Sno 列，包含 12 个字符的字符串，用于存储学生的学号；Sname 列，包含 20 个字符的字符串，用于存储学生的姓名；Ssex 列，包含 2 个字符的字符串，用于存储学生的性别；Sage 列，用于存储学生的年龄，数据类型为 SMALLINT；Sdept 列，包含 20 个字符的字符串，用于存储学生的系别。

3. 完整性约束的定义

从基本表定义的语法格式中可见，还可以进一步为表定义列级或表级完整性约束条件。完整性约束条件也称为完整性规则，是数据库中的数据必须满足的语义约束条件，目的是防止数据库中存在不符合语义的数据，也就是防止数据库中存在不正确的数据。完整性约束条件一般由 SQL 的 DDL 语句来实现，它们作为数据库模式的一部分存入数据字典。

在 2.2 节中，我们学习了关系的完整性，包括实体完整性、参照完整性、用户定义的完整性。下面采用 SQL 语句对这 3 种完整性约束进行定义。

（1）实体完整性的定义。

关系模型的实体完整性在 CREATE TABLE 中用 PRIMARY KEY 来进行定义，也就是指定关系的主码。对于由单个属性构成的主码，有两种说明方法，一种是定义为列级约束条件，另一种是定义为表级约束条件；对于由多个属性构成的主码，只有一种说明方法，即定义为表级约束条件。

【例 3.3】　为 JWGL 创建一张用于存储学生信息的表，在列级将 Sno 属性定义为主码。

```
CREATE TABLE S2
( Sno char(12)PRIMARY KEY,        /* 在列级定义实体完整性,Sno 为主码*/
  Sname char(20),
  Ssex char(2),
  Sage smallint,
  Sdept char(20)
  );
```

【例 3.4】　为 JWGL 创建一张用于存储课程信息的表，在表级将 Cno 属性定义为主码。

```
CREATE TABLE C1
( Cno char(12),
  Cname char(20),
  Cpno char(12),
  Ccredit smallint,
  PRIMARY KEY (Cno)              /* 在表级定义实体完整性,Cno 为主码*/
  );
```

（2）参照完整性的定义。

关系模型的参照完整性在 CREATE TABLE 中用 FOREIGN KEY 来定义哪些列为外码，用 REFERENCES 来指明这些外码参照哪些表的主码。

【例 3.5】　为 JWGL 创建一张用于存储课程信息的表，定义主码和外码约束。

```
CREATE TABLE C2
( Cno char(12)PRIMARY KEY,                    /* 在列级定义实体完整性,Cno 为主码*/
  Cname char(20),
  Cpno char(12),
  Ccredit smallint,
  FOREIGN KEY (Cpno) REFERENCES C2(Cno)     /* 在表级定义参照完整性,Cpno 为外码*/
  );
```

执行该语句后，将会在数据库中创建一张名为 C2 的表，分别定义了实体完整性和参照完整性约束，参照表和被参照表是同一张表，即 C2。

【例 3.6】 为 JWGL 创建一张学生选课信息表，要求定义实体完整性约束和参照完整性约束。

```
CREATE TABLE SC1
( Sno char(12),
  Cno char(12),
  Score smallint,
  PRIMARY KEY (Sno,Cno),              /* 在表级定义实体完整性*/
  FOREIGN KEY (Sno) REFERENCES S2(Sno),   /* 在表级定义参照完整性*/
  FOREIGN KEY (Cno) REFERENCES C2(Cno)    /* 在表级定义参照完整性*/
);
```

执行该语句后，将会在数据库中创建一张名为 SC1 的表，在表级定义了实体完整性，指定（Sno，Cno）为主码；在表级定义了 2 个参照完整性约束，参照表是 SC1，其外码 Sno 和 Cno 分别来自被参照表 S2 和 C2。

（3）用户定义的完整性的定义。

用户定义的完整性就是针对某一具体应用的数据必须满足的语义要求。在 CREATE TABLE 中，可定义用户定义的完整性约束，包括列值非空（NOT NULL 短语）、列值唯一（UNIQUE 短语）、检查列值或列之间是否满足某一个布尔表达式（CHECK 短语）。

下面分别通过几个例子来介绍用户定义的完整性约束。

【例 3.7】 为 JWGL 创建一张用于存储学生信息的表，要求学生姓名不能取为空值。

```
CREATE TABLE Student
( Sno char(12)PRIMARY KEY,      /* 在列级定义实体完整性,Sno 为主码*/
  Sname char(20)NOT NULL,        /* 在列级定义用户定义的完整性,Sname 非空*/
  Ssex char(2),
  Sage smallint,
  Sdept char(20)
);
```

执行该语句后，将会在数据库 JWGL 中创建一张名为 Student 的表，其中，实体完整性和用户定义的完整性约束分别定义了 Sno 列为主码；Sname 列不能取为空值。

【例 3.8】 为 JWGL 创建一张用于存储课程信息的表，要求课程名称取值唯一。

```
CREATE TABLE Course
( Cno char(12)PRIMARY KEY,              /* 定义实体完整性,Cno 为主码*/
  Cname char(20)NOT NULL UNIQUE,        /* 定义用户定义的完整性,Cname 非空且唯一*/
  Cpno char(12),
  Ccredit smallint,
  FOREIGN KEY (Cpno) REFERENCES Course(Cno)  /* 在表级定义参照完整性,Cpno 为外码*/
);
```

执行该语句后，将会在数据库 JWGL 中创建一张名为 Course 的表，其中，实体完整性、用户定义的完整性和参照完整性约束分别定义了 Cno 列为主码；Cname 列不能取为空值，且不允许有相同的课程名称；Cpno 为外码，参照同一张表的主码 Cno。Course 表既是参照表又是被参照表。

【例 3.9】 为 JWGL 创建一张学生选课信息表，要求学生成绩列的取值为 0~100。

```
CREATE TABLE SC
( Sno char(12),
  Cno char(12),
  Score smallint CHECK(Score>=0 and Score<=100),   /* 在列级定义用户定义的完整性*/
  PRIMARY KEY (Sno,Cno),                           /* 在表级定义实体完整性*/
  FOREIGN KEY (Sno) REFERENCES Student(Sno),       /* 在表级定义参照完整性*/
  FOREIGN KEY (Cno) REFERENCES Course(Cno)         /* 在表级定义参照完整性*/
  );
```

例 3.9 中，对单个属性使用 CHECK 短语进行用户定义的完整性约束，因此在列级定义即可。如果涉及多个属性之间的相互约束，则还可以在表级使用 CHECK 短语进行定义。

【例 3.10】 创建一个订货关系，包含发货量、订货量等列，规定发货量不得超过订货量。

```
CREATE TABLE 订货
( 订货编号 char(10),
  发货量 smallint,
  订货量 smallint,
  CHECK(发货量<=订货量)                    /* 在表级定义用户定义的完整性*/
  );
```

例 3.10 中，发货量和订货量两个属性列之间有一个相互制约关系，需要在表级采用 CHECK 短语进行用户定义的完整性约束。

3.2.2　ALTER 语句

随着应用环境和应用需求的变换，有时需要对已建立好的基本表进行修改，SQL 语句中用 ALTER TABLE 语句来对基本表的结构进行修改，其语法格式如下。

```
ALTER TABLE table_name
   action;
```

其中，table_name 是要修改的表的名称；action 是要执行的操作，可以是以下几种操作之一。

1. 增加列

```
ALTER TABLE table_name
ADD column_name datatype [完整性约束];
```

通过此语法可以向现有表中增加新的列，同时可选择是否增加完整性约束。

【例 3.11】 为例 3.10 的订货关系增加一个"发货时间"列，其数据类型为日期型。

```
ALTER TABLE 订货
ADD 发货时间 DATE;
```

执行该语句后，订货关系多了一个属性列"发货时间"，无论原来基本表中是否已有数据，新增的该列取值都将为空。

2. 删除列

```
ALTER TABLE table_name
DROP COLUMN column_name;
```

该语法用于从现有表中删除指定的列。

【例 3.12】 将例 3.11 的订货关系中的"发货时间"列删除。

```
ALTER TABLE 订货
DROP COLUMN 发货时间;
```

执行该语句后，订货关系中的属性列"发货时间"就被删除了。

3. 修改列

```
ALTER TABLE table_name
ALTER COLUMN column_name datatype;
```

该语法用于修改表中现有列的数据类型。

【例 3.13】 将例 3.10 的订货关系中的"发货量"列的数据类型改成 int 类型。

```
ALTER TABLE 订货
ALTER COLUMN 发货量 int;
```

执行该语句后，订货关系中的属性列"发货量"的数据类型被修改为 int 类型。

4. 添加约束

```
ALTER TABLE table_name
ADD CONSTRAINT constraint_name constraint_type (column_name);
```

该语法用于向表中添加新的约束，如主码约束、外码约束等。

【例 3.14】 为例 3.10 的订货关系设置实体完整性约束。

```
ALTER TABLE 订货
ADD CONSTRAINT PRIMARY KEY(订货编号);
```

执行该语句后，订货关系中的属性列"订货编号"被设置为主码。

5. 删除约束

```
ALTER TABLE table_name
DROP CONSTRAINT constraint_name;
```

该语法用于从表中删除指定的约束。

【例 3.15】 将例 3.10 的"发货量"和"订货量"之间的约束关系删除。

```
ALTER TABLE 订货
DROP CONSTRAINT CHECK(发货量<=订货量);
```

6. 重命名表

ALTER TABLE table_name
RENAME TO new_table_name;

该语法用于将现有表重命名为新的表名。

【例 3.16】　将例 3.10 的"订货"表重命名为"订货关系"。

ALTER TABLE 订货
RENAME TO 订货关系;

注意：在执行 ALTER TABLE 语句时，需要确保语法正确，并且修改操作符合 DBMS 的语法规则和约束条件。

3.2.3　DROP 语句

DROP TABLE 语句用于删除数据库中的基本表，其基本语法格式如下。

DROP TABLE table_name [RESTRICT | CASCADE];

其中，table_name 是要删除的表的名称，若选择 RESTRICT，则该表的删除是有条件的，即要删除的表不能被其他表的约束所引用；若选择 CASCADE，则该表的删除没有限制条件，在删除基本表的同时，相关的依赖对象一起被删除。

默认情况下选择 RESTRICT。

【例 3.17】　删除例 3.16 的基本表"订货关系"。

DROP TABLE 订货关系;

执行该语句后，将会从数据库中永久性地删除指定的表及表中包含的所有数据和结构。因此，在执行 DROP TABLE 语句之前，务必要慎重考虑，确保不再需要该表及其数据。

需要注意的是，一旦使用 DROP TABLE 语句删除了表，其中的数据将无法恢复。因此，在执行 DROP TABLE 语句之前，建议先备份表中的数据，以防意外删除导致数据丢失。

另外，有些 DBMS 可能会要求在执行 DROP TABLE 语句时进行确认，以避免误操作删除表。因此，在执行 DROP TABLE 语句时，需要根据实际情况谨慎操作。

知识拓展 >>>

1. CREATE（创建）操作案例

（1）创建分布式数据库。

在云计算环境中，利用新技术（如 Google Cloud Spanner 或 Amazon Aurora 等分布式数据库服务），可以通过 CREATE 操作轻松建立起一个能够在全球范围内进行数据同步的数据库实例。

（2）创建具有自动扩展功能的表。

某些新型 DBMS 支持创建具有自动扩展能力的表。例如，在 Cassandra 数据库中，可以创建一张能够根据数据量自动分片和复制的表，以应对大数据量和高并发的场景。

（3）创建时间序列数据库。

在物联网和监控系统中，时间序列数据库变得越来越重要。例如，使用 InfluxDB 等时间序列数据库，可以通过 CREATE 操作创建一个用于存储传感器数据的数据库，该数据库能够高效处理时间戳相关的数据查询。

2. ALTER（修改）操作案例

（1）在线修改表结构。

一些新型 DBMS（如 Amazon Aurora）支持在线修改表结构。例如，可以在不中断服务的情况下，通过 ALTER 操作向表中添加新列或修改现有列的数据类型。

（2）修改分布式数据库的复制策略。

在分布式数据库中，可能需要根据业务需求调整数据的复制策略。通过 ALTER 操作，可以轻松更改复制因子或调整数据分片的策略，以满足不同的可用性和性能要求。

（3）调整数据库分片键。

在使用分片技术的数据库中，如 MongoDB 的分片集群，可能需要根据数据访问模式的变化来调整分片键。通过 ALTER 操作，可以重新配置分片键以提高查询性能和数据分布的均匀性。

3.3 数据查询

本节将介绍使用 SQL 语句进行数据查询的各种技术和方法。**单表查询**是最基本的查询形式，通过 SELECT 语句从单张表中检索数据。**连接查询**则允许从多张表中检索数据，并通过表之间的关联进行连接。**嵌套查询**是在一个查询中嵌套另一个查询，用于在内部查询的结果上执行外部查询。**集合查询**通过 UNION、INTERSECT 和 EXCEPT 等操作符将多个查询的结果进行合并或比较。此外，本节还将介绍子查询、关联子查询和存在性检查等高级查询技术。这些查询技术可以帮助用户从数据库中检索所需的数据，并进行复杂的数据分析和处理。通过学习这些查询技术，用户可以更加灵活地利用数据库系统，实现高效的数据查询和分析。

SELECT 语句用于从数据库中检索数据，其语法格式如下。

```
SELECT column1, column2,...
FROM table_name
WHERE condition
GROUP BY column1, column2, ...
HAVING condition
ORDER BY column1, column2, ...
```

（1）column1，column2，…：指定要检索的列，可以是表中的任意列或表达式。

（2）table_name：指定要检索数据的表名。

（3）condition：用于筛选检索的数据，可以包含各种条件表达式，如等于、大于、小于等。

（4）GROUP BY column1，column2，…：用于对检索的数据进行分组，通常与聚合函数一起使用，将具有相同值的行分为一组。

（5）HAVING condition：用于对分组后的数据进行筛选，类似于 WHERE 子句，但是作用于分组而不是单行数据。

（6）ORDER BY column1，column2，…：用于对检索的数据进行排序，可以按照一个或多个列进行升序或降序排列。

通过这些子句的组合，可以实现对数据库中数据的灵活检索和处理。例如，可以选择特定的列、筛选满足条件的行、对数据进行分组和聚合，以及按照指定的顺序进行排序，从而得到符合需求的结果集。

3.3.1 单表查询

单表查询是指在数据库中只涉及单张表的查询操作。在单表查询中，可以通过 SELECT 语句从一张表中检索特定的列、所有列或进行计算。单表查询通常用于从数据库中获取特定表的数据，并且是构建更复杂查询的基础。

1. 选择表中的若干列

（1）查询指定列：查询指定表中的特定列数据。

【例 3.18】 从学生（Student）表中查询学生的学号和姓名。

```
SELECT Sno, Sname
FROM Student;
```

执行该语句后，数据库返回学生表中所有学生的学号（Sno）和姓名（Sname），而不包括其他列的数据。这种查询用于检索特定信息的场景。

（2）查询全部列：查询指定表中的所有列数据。

【例 3.19】 从课程（Course）表中查询所有列的数据。

```
SELECT *
FROM Course;
```

使用通配符"＊"表示要检索所有列的数据，执行该语句后，数据库将返回课程表中所有列的数据，包括课程号（Cno）、课程名（Cname）、先修课程号（Cpno）和学分（Ccredit）。这种查询适用于需要完整的表数据的情况。

（3）查询经过计算的值：查询时可以对列进行计算并返回计算结果。

【例 3.20】 从选课（SC）表中查询学生的学号、课程号并返回成绩乘以 2 后的结果。

```
SELECT Sno, Cno, Score*2  AS  DoubledScore
FROM SC;
```

在这个查询中，除了选择学生的学号（Sno）和课程号（Cno），还对成绩进行了计算，将成绩乘以 2，并且使用 AS 关键字为计算结果指定了别名 DoubledScore。这种查询可以用于需要对数据进行计算并返回计算结果的情况。

通过这些例子，可以看到单表查询在不同情况下的语法和用法。这些例子展示了如何从单张表中检索特定的列、所有列及进行计算，以满足不同的查询需求。

2. 选择表中的若干行

选择表中的若干行，可以通过 WHERE 子句给出筛选的条件。常用的查询条件如表 3.2 所示。

表 3.2 常用的查询条件

查询条件	运算符
比较大小	等于（=）、不等于（<>）、大于（>）、小于（<）、大于或等于（>=）、小于或等于（<=）；NOT+上述比较运算符
确定范围	BETWEEN、NOT BETWEEN
确定集合	IN、NOT IN
字符匹配	LIKE、NOT LIKE
空值	IS NULL、IS NOT NULL
多重条件	AND、OR、NOT

注：这些查询条件可以在 WHERE 子句中使用，用于筛选满足特定条件的记录。根据具体的查询需求，可以选择合适的查询条件来实现数据的精确筛选。

（1）取消重复的行。

【例 3.21】 从学生表中选择不重复的学生姓名。

```
SELECT DISTINCT Sname
FROM Student;
```

这个查询使用了 DISTINCT 关键字，它指示了数据库返回学生表中不重复的学生姓名。这样的查询适用于需要消除重复数据的情况，如获取唯一值的场景。

（2）查询满足条件的元组（比较条件）。

【例 3.22】 从课程表中选择学分大于 3 的课程。

```
SELECT *
FROM Course
WHERE Ccredit > 3;
```

这个查询使用了 WHERE 子句来指定条件，它限制了返回的数据必须满足学分大于 3 的条件。这样的查询适用于需要根据特定条件筛选数据的情况。

（3）确定范围。

【例 3.23】 从学生表中选择学号为 1001～1010 的学生。

```
SELECT *
FROM Student
WHERE Sno BETWEEN 1001 AND 1010;
```

这个查询使用了 BETWEEN 和 AND 运算符来指定范围条件，它限制了返回的数据必须满足学号为 1001～1010 的条件。这样的查询适用于需要确定范围的情况。

（4）确定集合。

【例 3.24】　从选课表中选择学号为 1001、1002、1003 的学生选修的课程。

```
SELECT *
FROM SC
WHERE Sno IN (1001，1002，1003);
```

这个查询使用了 IN 关键字来指定集合条件，它限制了返回的数据必须满足学号在指定集合内的条件。这样的查询适用于需要确定集合的情况。

（5）字符匹配

【例 3.25】　从学生表中选择姓氏以 "张" 开头的学生。

```
SELECT *
FROM Student
WHERE Sname LIKE ' 张% ';
```

这个查询使用了 LIKE 运算符来进行字符匹配，它限制了返回的数据必须满足姓氏以 "张" 开头的条件。这样的查询适用于需要进行模糊匹配的情况。

（6）空值。

【例 3.26】　从学生表中选择年龄取值为空的学生。

```
SELECT *
FROM Student
WHERE Sage IS NULL;
```

这个查询使用了 IS NULL 运算符来判断空值，它限制了返回的数据必须满足年龄为空的条件。这样的查询适用于需要筛选空值的情况。

（7）多重条件。

【例 3.27】　从选课表中选择学号为 1001 且课程号为 001 的学生选修的课程。

```
SELECT *
FROM SC
WHERE Sno=1001 AND Cno=' 001 ';
```

这个查询使用了 AND 运算符来指定多重条件，它限制了返回的数据必须满足学号为 1001 且课程号为 001 的条件。这样的查询适用于需要同时满足多个条件的情况。

通过这些例子，可以看到在单表查询中如何选择表中的若干行，包括取消重复的行、查询满足条件的元组、确定范围、确定集合、字符匹配、空值和多重条件。这些例子展示了单表查询中常见的数据筛选和匹配操作。

3. ORDER BY 子句

ORDER BY 子句用于对查询结果进行排序，可以按照一个或多个列的数值或字母顺序进行排序，可以指定按升序（ASC）或降序（DESC）排列，默认情况下为升序。

【例 3.28】　查询学生的信息，按年龄升序排列。

```
SELECT *
FROM Student
ORDER BY Sage ASC;
```

这个查询按照学生的年龄对查询结果进行升序（从小到大）排列，最年轻的学生将排在最前面。

【例 3.29】 查询所有课程的信息，按学分降序排列。

```
SELECT *
FROM Course
ORDER BY Ccredit DESC;
```

这个查询按照课程学分对查询结果进行降序（从大到小）排列，学分最多的课程将排在最前面。

在这两个例子中，ORDER BY 子句用于对查询结果进行排序，通过 ASC 和 DESC 关键字指定排序顺序。

4. 聚集函数

聚集函数用于对一组数据进行统计计算，常见的聚集函数包括统计（COUNT）、求和（SUM）、平均值（AVG）、最大值（MAX）和最小值（MIN）函数。

（1）统计（COUNT）函数的语法格式如下。

```
SELECT COUNT(column_name)
FROM table_name;
```

【例 3.30】 统计学生表中的记录数。

```
SELECT COUNT(*)
FROM Student;
```

这个查询将返回学生表中的记录总数。

（2）求和（SUM）函数的语法格式如下。

```
SELECT SUM(column_name)
FROM table_name;
```

【例 3.31】 求课程表中的总学分。

```
SELECT SUM(Ccredit)
FROM Course;
```

这个查询将返回课程表中所有学分的总和。

（3）平均值（AVG）函数的语法格式如下。

```
SELECT AVG(column_name)
FROM table_name;
```

【例 3.32】 求学号为 2301 的学生的平均成绩。

```
SELECT AVG(Score)
FROM SC
WHERE Sno='2301';
```

这个查询将返回选课表中学号为 2301 的学生的平均成绩。

（4）最大值（MAX）函数的语法格式如下。

```
SELECT MAX(column_name)
FROM table_name;
```

【例 3.33】　找出课程表中学分最高的课程并返回学分值。

```
SELECT MAX(Ccredit)
FROM Course;
```

这个查询将返回课程表中学分最高的课程的学分值。

（5）最小值（MIN）函数的语法格式如下。

```
SELECT MIN(column_name)
FROM table_name;
```

【例 3.34】　找出学生表中年龄最小的学生并返回其年龄值。

```
SELECT MIN(Sage)
FROM Student;
```

这个查询将返回学生表中年龄最小的学生的年龄值。

这些例子展示了如何使用聚集函数对数据进行统计计算，可以根据具体的需求选择合适的聚集函数来进行数据分析。

5. GROUP BY 子句

GROUP BY 子句用于对查询结果进行分组，通常与聚集函数一起使用，以便对每个组进行统计计算。它允许我们按照一个或多个列对结果进行分组，并对每个组应用聚集函数。

【例 3.35】　统计每个部门的员工人数。

```
SELECT department, COUNT(*)
FROM employees
GROUP BY department;
```

这个查询按照员工所在的部门对结果进行分组，并统计每个部门的员工人数。

【例 3.36】　查询平均工资大于 50 000 的部门。

```
SELECT department, AVG(salary)
FROM employees
GROUP BY department
HAVING AVG(salary) > 50000;
```

这个查询按照员工所在的部门对结果进行分组，并计算每个部门的平均工资。HAVING 子句用于过滤分组后的结果，只返回平均工资大于 50 000 的部门。

在这两个例子中，GROUP BY 子句用于对结果进行分组；聚集函数用于对每个组进行统计计算；HAVING 子句用于过滤分组后的结果，只返回满足条件的分组。

● 3.3.2　连接查询

连接查询用于将两张或多张表中的数据合并在一起，以便进行更复杂的查询和分析，其语法格式如下。

> 表名 1. 列名 1 **连接运算符** 表名 2. 列名 2

其中，连接运算符可以是**比较运算符**或 **BETWEEN… AND** 谓词。常见的连接类型包括等值和非等值连接、自身连接、外连接和复合条件连接。

1. 等值和非等值连接查询

当连接运算符为 " = " 时，为等值连接，使用其他运算符称为非等值连接。

（1）等值连接的语法格式如下。

```
SELECT columns
FROM table1, table2
WHERE table1.column_name=table2.column_name;
```

【例 3.37】 求所有课程信息及其被选修的情况。

```
SELECT Course.*, SC.*
FROM Course, SC
WHERE Course.Cno=SC.Cno;
```

这个查询将 Course 表和 SC 表进行等值连接，连接条件是 Course 表的 Cno 等于 SC 表的 Cno，返回的结果中包含两个 Cno 列。

若在等值连接中把目标列重复的属性列去掉，则为**自然连接**。

【例 3.38】 求所有课程信息及其被选修的情况，并去掉重复的属性列。

```
SELECT Course.Cno, Cname, Cpno, Ccredit, Sno, Score
FROM Course, SC
WHERE Course.Cno=SC.Cno;
```

（2）非等值连接的语法格式如下。

```
SELECT columns
FROM table1, table2
WHERE table1.column_name 非等值连接运算符 table2.column_name;
```

【例 3.39】 求薪水高于平均值的员工姓名和所在的部门名称。

```
SELECT employee.name, department.name
FROM employee, department
WHERE employee.salary > department.avg_salary;
```

这个查询将 employee 表和 department 表进行非等值连接，连接条件是 employee 表的薪水（salary）大于 department 表的平均薪水（avg_salary），查询结果会返回薪水高于部门平均薪水的员工和对应的部门名称。

2. 自身连接

自身连接是指将表与自身进行连接的操作。在这种情况下，我们使用表的别名来区分两次引用的相同的表。

自身连接的语法格式如下。

```
SELECT columns
FROM table1 alias1，table1 alias2
WHERE alias1.column_name＝alias2.column_name；
```

【例 3.40】　查询所有比"王雪"年龄大的学生姓名。

```
SELECT S1.Sname，S1.Sage，S2.Sage
FROM Student S1，Student S2
WHERE S1.Sage > S2.Sage and S2.Sname='王雪'；
```

这个查询两次引用 Student 表，分别使用了别名 S1 和 S2。在 WHERE 子句中，将 S1 的 Sage 与 S2 的 Sname 为王雪的 Sage 进行比较，查询结果会返回所有比王雪年龄大的学生姓名。例 3.40 的查询结果如表 3.3 所示。

表 3.3　例 3.40 的查询结果

Sname	Sage1	Sage2
李明	22	19
赵伟	21	19
钱彬	20	19

3. 外连接

外连接用于从两张表中检索数据，即使在一张表中的数据没有与另一张表中的数据匹配的情况下也可以检索出数据。外连接分为左外连接、右外连接和全外连接。

（1）左外连接：返回左表中的所有记录及右表中匹配的记录。

左外连接的语法格式如下。

```
SELECT columns
FROM table1
LEFT JOIN table2 ON table1.column_name＝table2.column_name；
```

【例 3.41】　查询所有学生及他们选修的课程，即使有些学生没有选修任何课程。

```
SELECT Student.Sname，SC.Cno
FROM Student
LEFT JOIN SC ON Student.Sno＝SC.Sno；
```

这个查询使用了左外连接，将学生表作为左表，选课表作为右表。连接条件是学生表的 Sno 等于选课表的 Sno。即使有些学生没有选修任何课程，在查询结果中也会显示这些学生的信息，并且对应的课程编号为 NULL。例 3.41 的查询结果如表 3.4 所示。

表 3.4　例 3.41 的查询结果

Sname	Cno
李明	1
赵伟	2
刘琳	NULL
张阳	NULL

（2）右外连接：和左外连接类似，只是左、右表的角色互换，返回右表中的所有记录及左表中匹配的记录。

（3）全外连接：返回左、右表中的所有记录。

外连接在处理两张表之间的关联数据时非常有用，可以确保即使在一张表中的数据没有与另一张表中的数据匹配的情况下仍然可以检索出数据。

4. 复合条件连接

复合条件连接是指在连接两张表时使用多个条件进行连接，这些条件可以使用 AND 或 OR 逻辑连接起来。复合条件连接的语法格式如下。

```
SELECT columns
FROM table1 , table2
WHERE table1.column_name1 = table2.column_name1 AND table1.column_name2 = table2.column_name2;
```

【例 3.42】 查询选修了 1 号课程且成绩大于 80 分的学生姓名和成绩。

```
SELECT Student.Sname , SC.Score
FROM Student , SC
WHERE Student.Sno = SC.Sno AND SC.Cno = '1' AND SC.Score > 80;
```

执行该语句后，返回选修了 1 号课程且成绩大于 80 分的学生姓名和成绩。复合条件连接可以帮助我们筛选出符合多个条件的记录。

3.3.3 嵌套查询

嵌套查询是指在一个查询中嵌套了另一个查询，通常把外部查询称为父查询，内部查询称为子查询，这是嵌套查询的两个重要概念。

（1）父查询：包含子查询的外部查询。它使用子查询的结果来进一步过滤、筛选或操作数据。

（2）子查询：嵌套在父查询内部的查询。它返回一个结果集，这个结果集可以被父查询使用。

在嵌套查询中，子查询通常先执行，然后将其结果传递给父查询进行进一步处理。子查询可以返回单个值、单列值、多列值或多行结果集，具体取决于查询的需求。

父查询和子查询的结合可以帮助我们处理复杂的查询需求，例如，根据子查询的结果进行进一步的过滤、筛选或计算。这种嵌套查询的方式使 SQL 查询语句更加灵活和强大，可以应对各种复杂的数据分析和处理需求。

以下是嵌套查询的几种常见形式。

1. 带有 IN 谓词的子查询

IN 谓词用于判断一个值是否在子查询的结果集中。

【例 3.43】 查询选修了 1 号课程的学生姓名。

```
SELECT Sname
FROM Student
WHERE Sno IN (SELECT Sno FROM SC WHERE Cno = '1' );
```

该语句先执行子查询，它返回选修了 1 号课程的学生 Sno，然后父查询根据这些 Sno 查询学生姓名。

2. 带有比较运算符的子查询

可以在 WHERE 子句中使用比较运算符（包括等于、不等于、大于、小于、大于或等于、小于或等于）对子查询的结果进行比较。

【例 3.44】 找出所有年龄大于"王雪"的年龄的学生姓名。

```
SELECT Sname
FROM Student
WHERE Sage>(SELECT Sage
            FROM Student
            WHERE Sname='王雪');
```

执行该语句后，首先执行子查询，找出王雪的年龄，然后执行父查询，找出所有年龄大于王雪的年龄的学生姓名。子查询的执行独立于父查询的执行，这种情况称为**不相关的子查询**，通常可以用连接查询来替换，本例可以修改为自身连接查询。

```
SELECT Sname
FROM Student s1, Student s2
WHERE s1.Sage>s2.Sage and s2.Sname='王雪';
```

还有一种查询是**相关的子查询**，即子查询中的条件依赖父查询的表，子查询和父查询是相关的。父查询会根据子查询的结果来筛选表中的数据，只选择满足条件的行。

【例 3.45】 找出每门课程成绩超过平均成绩的学生的学号。

```
SELECT Cno, Sno
    FROM SC  x
    WHERE Score>=(SELECT AVG(Score)
                  FROM SC y
                  WHERE y.Cno=x.Cno
                  );
```

例 3.45 中，子查询是求一门课程的平均成绩，具体是哪一门课程的平均成绩要看参数 x.Cno 的值，而该值是与父查询相关的，因此，这类查询称为相关的子查询。

3. 带有 ANY、ALL 谓词的子查询

ANY 和 ALL 谓词用于将子查询的结果与父查询进行比较，它们与比较运算符结合，有 12 种可能的情况，其语义分别如下。

（1）>ANY：大于子查询中的任意一个值。

（2）>ALL：大于子查询中的所有值。

（3）<ANY：小于子查询中的任意一个值。

（4）<ALL：小于子查询中的所有值。

（5）>=ANY：大于或等于子查询中的任意一个值。

（6）>=ALL：大于或等于子查询中的所有值。

（7）<=ANY：小于或等于子查询中的任意一个值。

（8）<=ALL：小于或等于子查询中的所有值。

（9）==ANY：等于子查询中的任意一个值。

（10）==ALL：等于子查询中的所有值。

（11）!=（或<>）ANY：不等于子查询中的任意一个值。

（12）!=（或<>）ALL：不等于子查询中的所有值。

【例 3.46】 查询比任意一个经理的年龄大的员工的姓名和年龄。

```
SELECT Name, Age
FROM Employee
WHERE Age > ANY (SELECT Age FROM Leader WHERE Position='Manager' );
```

在这个例子中，我们从员工表中选择员工的姓名和年龄，条件是他们的年龄大于任意一个经理的年龄。

【例 3.47】 找出分数小于或等于所有 2 号课程分数的学生的学号和成绩。

```
SELECT Sno, Score
FROM SC
WHERE Score <= ALL (SELECT Score FROM SC WHERE Cno='2' );
```

在这个例子中，我们从选课表中选择学生的学号和分数，条件是他们的分数小于或等于所有 2 号课程的分数。

这些例子展示了在 SQL 语句中如何使用 ANY、ALL 和比较运算符来进行子查询，并根据子查询的结果来进行条件判断。

4. 带有 EXISTS 和 NOT EXISTS 谓词的子查询

带有 EXISTS 和 NOT EXISTS 谓词的子查询是在 SQL 语句中用于检查父查询中的条件是否存在于子查询的结果集中的一种方式。

（1）EXISTS 子查询：用于检查子查询返回的结果集是否存在，如果存在则返回 True，否则返回 False。

（2）NOT EXISTS 子查询：用于检查子查询返回的结果集是否不存在，如果不存在则返回 True，否则返回 False。

这两种子查询通常用于 WHERE 子句中，用于过滤父查询的结果。

【例 3.48】 查询成绩为 A 的学生的姓名。

```
SELECT Sname
FROM Student
WHERE EXISTS (SELECT * FROM SC WHERE SC.Sno=Student.Sno
AND SC.Score=' A' );
```

在这个例子中，我们从学生表中选择学生的姓名，条件是学生在选课表中有得到 A 的成绩。如果子查询返回结果，则说明至少有一个学生得到了 A 的成绩，那么这个学生的姓名将会被返回。

【例 3.49】 找出没有任何订单的顾客的姓名。

```
SELECT name
FROM customers
WHERE NOT EXISTS (SELECT * FROM orders WHERE orders.customer_id=customers.id);
```

在这个例子中，我们从顾客表中选择顾客的姓名，条件是这个顾客没有任何订单。如果子查询返回结果为空，则说明该顾客没有订单，那么这个顾客的姓名将会被返回。

【例 3.50】　找出有订单但没有任务的员工的姓名。

```
SELECT name
FROM employees
WHERE EXISTS (SELECT * FROM orders WHERE orders.employee_id＝employees.id)
AND NOT EXISTS (SELECT * FROM tasks WHERE tasks.employee_id＝employees.id);
```

在这个例子中，我们从员工表中选择员工的姓名，条件是这个员工至少有一个订单，但没有任何任务。如果第一个子查询返回结果，则说明该员工有订单；如果第二个子查询返回结果为空，则说明该员工没有任务，那么这个员工的姓名将会被返回。

这些例子展示了在 SQL 语句中如何使用 EXISTS 和 NOT EXISTS 子查询来进行条件判断，并根据子查询的结果来过滤主查询的结果。

本小节的嵌套查询是指在 SQL 查询中嵌套使用一个或多个子查询的技术。子查询是在另一个查询内部嵌套的查询，可以返回单个值、多个值或一组值。嵌套查询可以用于过滤、排序、聚合和连接数据，以及进行复杂的条件判断。常见的嵌套查询包括带有 IN 谓词的子查询，带有比较运算符的子查询，带有 ANY、ALL 及 EXISTS、NOT EXISTS 谓词的子查询等，它们可以帮助我们根据子查询的结果集来进行条件判断。嵌套查询提供了一种灵活的方式来处理复杂的查询需求，但同时需要谨慎使用，因为嵌套查询可能会导致性能问题。在编写嵌套查询时，需要注意代码的可读性和性能优化，以确保查询的准确性和效率。

3.3.4　集合查询

集合查询是指使用 UNION、INTERSECT 和 EXCEPT 操作符来对两个或多个查询的结果集进行合并、交和差操作的技术。这些操作符可以在 SELECT 语句中使用，用于合并和比较查询的结果集。

注意事项：

（1）结果集的列数和数据类型必须一致，否则无法进行集合操作；

（2）UNION 操作符会自动去除重复的行，如果需要保留重复行，则可以使用 UNION ALL；

（3）INTERSECT 和 EXCEPT 操作符在某些 DBMS 中可能不被支持，需要根据具体的数据库系统来选择使用。

【例 3.51】　查询所有员工和合同工的姓名。

```
SELECT name FROM employees
UNION
SELECT name FROM contractors;
```

在这个例子中，我们从员工表和合同工表中选择姓名，然后使用 UNION 操作符将两个结果集合并在一起。最终的结果集将包含所有员工和合同工的姓名，并且会自动去除重复的行。

【例 3.52】 找出既会唱歌又会跳舞的演员的姓名。

```
SELECT name FROM Singers
INTERSECT
SELECT name FROM Dancers;
```

在这个例子中，我们从歌唱演员表和舞蹈演员表中选择姓名，然后使用 INTERSECT 操作符找出两张表中共有的姓名，最终的结果集将包含既会唱歌又会跳舞的演员的姓名。

【例 3.53】 查询没有得过成绩 A 的学生的学号。

```
SELECT Sno FROM Students
EXCEPT
SELECT Sno FROM SC WHERE Score='A';
```

在这个例子中，我们从学生表和选课表中选择学生的学号，然后使用 EXCEPT 操作符找出没有得到成绩 A 的学生的学号，最终的结果集将包含没有得到成绩 A 的学生的学号。

这些例子展示了如何使用 UNION、INTERSECT 和 EXCEPT 操作符来对查询的结果集进行合并、交和差操作。

知识拓展 >>>

通过引入先进的算法和智能技术，数据查询技术新增了更多的功能特性，为用户带来了前所未有的便捷性和高效性。

1. 自然语言查询

借助自然语言处理技术，用户可以使用更自然、日常化的语言来进行数据查询，而无须学习复杂的查询语言。这种查询方式提高了用户友好性和查询效率。

2. 可视化查询与交互式分析

数据查询配备强大的可视化工具，允许用户通过图表、图形和动画等方式直观地查看和分析数据。这种可视化查询使数据分析更加直观易懂。交互式分析则允许用户实时调整查询参数，立即看到结果的变化，从而进行更深入的数据探索。

3. 智能推荐与个性化查询

基于用户的历史查询记录和偏好，智能推荐系统可以为用户提供个性化的数据查询建议和结果。这不仅提高了查询的精准度，还增强了用户体验。

4. 实时数据流查询

对于需要实时监控和分析的数据，如股票价格、网站访问量等，数据查询能够提供实时的数据流查询功能。用户可以即时获取最新的数据信息，从而快速做出决策。

5. 多维数据分析与挖掘

通过多维数据分析，用户可以从多个角度审视数据，发现隐藏在其中的规律和趋势。这种分析方式在市场分析、用户行为研究等领域尤为有用。数据挖掘技术则能够自动发现大数据集中的模式、关联和异常，为用户提供更有价值的信息。

6. 跨数据源查询与整合

数据查询支持跨多个数据源进行查询和整合。无论是关系数据库、NoSQL 数据库、API 还是其他数据源，用户都能在一个统一的界面中方便地进行查询和分析。

7. 预测分析与机器学习

结合机器学习算法，数据查询可以提供预测分析功能，帮助用户预测未来的趋势和行为。这种预测能力对于市场预测、风险管理等领域至关重要。

8. 安全性与隐私保护

随着数据安全性变得日益重要，数据查询通常包含强大的安全性和隐私保护功能。例如，通过数据加密、访问控制和审计日志等手段来确保数据的安全性和可追溯性。

数据查询的新功能和应用使其更加智能、高效和便捷，为用户提供了更优质的数据分析体验。

3.4　数据更新

数据更新是指对数据库中的数据进行增加、修改或删除的操作。在 SQL 中，我们可以使用 INSERT、UPDATE 和 DELETE 语句来执行这些操作。

1. INSERT 语句用于向表中插入新的行

向表中插入新的行的 INSERT 语句的语法格式如下。

```
INSERT INTO table_name (column1, column2, ...)
VALUES (value1, value2, ...);
```

例如，我们可以使用以下 INSERT 语句向名为 students 的表中插入一条新的学生记录。

```
INSERT INTO students (name, age, grade)
VALUES ('Alice', 20, 'A');
```

2. UPDATE 语句用于修改表中已有行的数据

用于修改表中已有行的数据的 UPDATE 语句的语法格式如下。

```
UPDATE table_name
SET column1=value1, column2=value2, ...
WHERE condition;
```

例如，我们可以使用以下 UPDATE 语句将名为 Alice 的学生的年龄更新为 21 岁。

```
UPDATE students
SET age=21
WHERE name='Alice';
```

3. DELETE 语句用于从表中删除行

用于表中删除行的 DELETE 语句的语法格式如下。

```
DELETE FROM table_name
WHERE condition;
```

例如，我们可以使用以下 DELETE 语句从名为 students 的表中删除名为 Alice 的学生的记录。

```
DELETE FROM students
WHERE name='Alice';
```

这些 SQL 语句允许我们对数据库中的数据进行灵活的操作，包括添加新的数据、修改现有的数据及删除不再需要的数据。

3.4.1 INSERT 语句

SQL 的数据插入语句 INSERT 通常有两种形式，一种是插入一个元组，另一种是插入子查询结果。后者可以一次插入多个元组。

1. 插入一个元组

插入一个元组的 INSERT 语句的语法格式如下。

```
INSERT INTO table_name (column1, column2, ...)
VALUES (value1, value2, ...);
```

【例 3.54】 向 Student 表中插入一条新的学生记录。

```
INSERT INTO Student (Sno, Sname, Sage, Ssex)
VALUES (2306,'Alice', 20, '女');
```

执行该语句后，将向 Student 表中插入一条新的学生记录，学号为 2306，姓名为 Alice，年龄为 20，性别为女。

注意：在本例中，表结构为 Student(Sno, Sname, Ssex, Sage, Sdept)，由于没有插入 Sdept 的值，表格中该属性取为空值。此外，Sage 和 Ssex 交换了插入顺序，不影响它们在表格中的存储，当然，插入值要与对应的数据类型一致。

如果 INTO 子句中没有指明任何属性列名，则插入的新元组必须在每个属性列上均有值，并且插入顺序及数据类型都要和表结构一致。

【例 3.55】 向 Course 表中插入一条新的课程记录，表结构为 Course(Cno, Cname, Cpno, Ccredit)。

```
INSERT INTO Course
VALUES (111,'数据结构', 104,4);
```

执行该语句后，将向 Course 表中插入一条新的记录，课程号为 111，课程名为数据结构，选修课为 104，学分为 4。

2. 插入子查询结果

插入子查询结果的 INSERT 语句允许我们使用子查询来插入数据。这使我们可以从一张表格中选择数据，并将其插入另一张表格中，或者在同一张表格中根据条件选择数据进行插入。

其一般语法格式如下。

```
INSERT INTO table_name (column1, column2, ...)
SELECT column1, column2, ...
FROM another_table
WHERE condition;
```

注意：

（1）确保目标表格和源表格中的列名和数据类型匹配，否则可能会导致插入失败；

（2）子查询的结果集的列数和数据类型必须与目标表格的列数和数据类型相匹配，否则也会导致插入失败；

（3）子查询的条件必须按照目标表格的约束条件进行选择，以确保插入的数据符合目标表格的规定。

【例 3.56】　从 Students 表中选择年龄小于 20 岁的学生，并将其插入 new_students 表。

```
INSERT INTO new_students (Sno，Sname，Sage)
SELECT Sno，Sname，Sage
FROM Students
WHERE Sage < 20;
```

在这个例子中，我们使用了 INSERT INTO…SELECT…的语法来将符合条件的学生数据从 Students 表中选择出来，并插入 new_students 表。

使用插入子查询结果的 INSERT 语句可以让我们更加灵活地从一张表中选择数据，并将其插入另一张表中，或者根据条件选择数据进行插入。

● 3.4.2　UPDATE 语句

当需要修改数据库中的数据时，可以使用 UPDATE 语句。UPDATE 语句用于修改表中已有行的数据，其语法格式如下。

```
UPDATE table_name
SET column1＝value1，column2＝value2，...
WHERE condition;
```

其中，table_name 是要修改的表格的名称；column1，column2，… 是要修改的列名；value1，value2，… 是要设置的新值；condition 是一个可选的条件，用于指定要修改的行。

注意：

（1）在 UPDATE 语句中，必须确保 SET 子句中的列名和值的数据类型与目标表格的列的数据类型相匹配，否则可能会导致修改失败；

（2）应该谨慎使用不带 WHERE 子句的 UPDATE 语句，因为它会将表中所有行的数据都修改，可能导致意外的结果。

1. 修改一个元组的值

【例 3.57】　将名为 Alice 的学生的年龄修改为 22 岁。

```
UPDATE Student
SET Sage＝22
WHERE Sname＝'Alice'；
```

2. 修改多个元组的值

【例 3.58】　将计科系的学生的系部修改为"计算机科学系"。

```
UPDATE Student
SET Sdept='计算机科学系'
WHERE Sdept='计科系' ;
```

3. 带有子查询的修改语句

【例 3.59】 将所有表现优秀的学生的成绩置为 A。

```
UPDATE SC
SET Score='A'
WHERE Sno IN (SELECT Sno FROM excellent_students);
```

在这个例子中，我们使用子查询来找出 excellent_students 表中的学生，然后将他们的成绩修改为 A。

UPDATE 语句允许我们对数据库中的数据进行灵活的修改，可以根据需要修改单个或多个元组的值，也可以使用子查询来进行条件修改。

3.4.3 DELETE 语句

DELETE 语句用于从表中删除行，以下是 DELETE 语句的一般语法格式。

```
DELETE FROM table_name
WHERE condition;
```

其中，table_name 是要删除行的表格的名称；condition 是一个可选的条件，用于指定要删除的行。

注意：

（1）在使用 DELETE 语句时，应该谨慎选择条件，以确保不会意外删除过多的行；

（2）应该谨慎使用不带 WHERE 子句的 DELETE 语句，因为它会删除表中的所有行，可能导致数据丢失。

1. 删除一个元组的值

【例 3.60】 将名为 Alice 的学生从 Student 表中删除。

```
DELETE FROM Student
WHERE Sname='Alice' ;
```

2. 删除多个元组的值

【例 3.61】 将年龄大于 20 岁的学生从 students 表中删除。

```
DELETE FROM students
WHERE age > 20;
```

3. 带有子查询的删除语句

【例 3.62】 删除 "专业英语" 课程的选课记录。

```
DELETE FROM SC
WHERE Cno IN (SELECT Cno FROM Course WHERE Cname=' 专业英语');
```

在这个例子中，我们使用子查询来找出 Course 表中 "专业英语" 的课程号，然后将它们从 SC 表中删除。

　　DELETE 语句允许我们从数据库中删除行，可以根据需要删除单个或多个元组的值，也可以使用子查询来进行条件删除。

知识拓展 >>>

　　数据更新技术不断发展，显著提升了数据管理的效率和准确性。

1. 实时数据同步与更新

　　在许多业务场景中，如金融交易、库存管理或物流追踪，数据的实时性都至关重要。数据更新能够提供实时的数据同步功能，确保所有相关数据在任何时候都是最新和准确的。这通常需要利用高效的数据传输协议和实时数据库技术来实现。

2. 增量数据更新

　　传统的数据更新方式可能涉及整个数据集的替换或重载，这在处理大数据集时会非常低效。新的数据更新技术，如增量数据更新，允许只更新自上一次同步以来发生变化的数据，从而大大提高更新效率和减少网络带宽的使用。

3. 自动化与智能化数据更新

　　通过利用 AI 和机器学习技术，数据更新可以自动识别数据的变化模式，并预测未来的数据更新需求。这种智能化更新可以减少不必要的数据传输和处理，同时确保数据的时效性和准确性。

4. 数据版本控制与回滚

　　在某些情况下，可能需要回滚到之前的数据版本以恢复错误或进行故障排查。数据更新提供强大的版本控制功能，允许用户轻松管理和回滚到之前的数据状态。

5. 安全性与验证

　　数据更新过程中的安全性是至关重要的，可以采取数据加密、身份验证和访问控制等安全措施，以确保数据在传输和更新过程中的安全性。此外，数据完整性验证机制也可以确保更新后的数据没有被篡改或损坏。

6. 跨平台与跨系统的数据更新

　　随着企业信息系统的复杂化，数据可能被存储在多个不同的平台和系统中。数据更新支持跨平台和跨系统的数据同步和更新，确保所有系统中的数据都保持一致和最新。

7. 与云计算和大数据技术的集成

　　云计算和大数据技术为数据处理和存储提供了强大的基础设施，数据更新与这些技术紧密集成，利用云服务的弹性和可扩展性来优化数据更新的性能和效率。

3.5　索引和视图

3.5.1　索引概述

　　索引是数据库中用于加快数据检索速度的数据结构，通过索引可以快速定位和访问数据，提高查询效率。索引可以在数据库表的一个或多个列上创建，常见的索引的类型包括 B

树索引、哈希索引等。索引的创建和管理可以有效提高数据库的性能，但也需要权衡索引的数量和更新代价。

1. 索引的类型

SQL Server 数据库中的索引主要包括聚集索引、非聚集索引和其他类型的索引，如图3.2 所示。聚集索引和非聚集索引是数据库引擎中索引的基本类型，是理解其他类型的索引的基础。

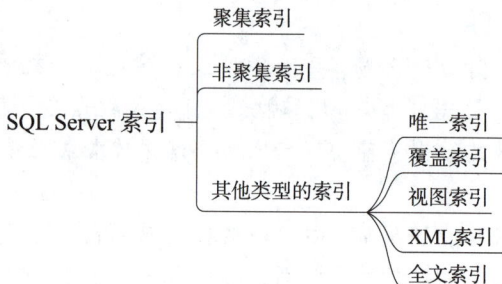

```
                        聚集索引
              ┌─────── 非聚集索引
              │                        ┌── 唯一索引
SQL Server 索引 ─┤                        │── 覆盖索引
              │        其他类型的索引 ──┤── 视图索引
              └───────                 │── XML索引
                                       └── 全文索引
```

图 3.2　索引的类型

（1）聚集索引。

聚集索引是指表中数据行的物理存储顺序和索引的存储顺序完全相同。聚集索引根据索引顺序物理地重新排列了用户插入表中的数据，因此，每张表只能创建1个聚集索引。聚集索引通常创建在表中需要频繁搜索的列或按顺序访问的列上。在默认情况下，主码约束自动创建聚集索引。

（2）非聚集索引。

非聚集索引不改变表中数据列的物理存储位置，数据与索引分开存储，通过索引指向的地址与表中的数据发生关系。

非聚集索引没有改变表中物理行的位置，可以在以下情况下使用非聚集索引：如果某个字段的数据唯一性比较高；如果查询所返回的数据量比较少。

聚集索引和非聚集索引的比较如表3.5 所示。

表 3.5　聚集索引和非聚集索引的比较

聚集索引	非聚集索引
键值必须是唯一的	键值可以是重复的
每张表只允许创建1个聚集索引	每张表最多可以有249个非聚集索引
物理地重排表中的数据以符合索引约束	创建一张键值列表，键值指向数据在数据页中的位置
用于经常查找数据的列	用于从表中查找单个值的列
由于数据按照聚集索引的顺序存储，所以会占用较多的磁盘空间	通常占用较少的磁盘空间，因为只存储索引键值和指向数据行的指针

（3）其他类型的索引。

除了上述索引，还有以下几种其他类型的索引。

①唯一索引：如果希望索引键都不同，则可以创建唯一索引。聚集索引和非聚集索引都可以是唯一索引。

②覆盖索引：索引列的最大数量是 16 个，索引列的字节总数的最高值是 900。当多个列的字节总数大于 900，且又想将这些列都包含在索引中时，可以使用包含新列索引。

③视图索引：可以将视图的索引物理化，也就是说，将结果集永久存储在索引中。可以提高视图查询效率。

④XML 索引：与 XML 数据关联的索引形式，是 XML 二进制 BLOB 类型的已拆分持久表示形式。

⑤全文索引：一种基于标记的特殊索引，用于在字符串中搜索复杂的词。

2. 索引的创建和管理

索引可以在数据库表的一个或多个列上创建，数据库管理员可以通过 SQL 语句创建和管理索引，也可以通过数据库管理工具进行索引的管理和优化。

在 SQL 中，可以使用 CREATE INDEX 语句来创建索引，使用 DROP INDEX 语句来删除索引。

（1）创建索引。

创建索引的语法格式如下。

```
CREATE INDEX index_name
ON table_name (column1, column2, ...);
```

其中，index_name 是索引的名称；table_name 是要创建索引的表名；column1，column2，…是要创建索引的列名。

【例 3.63】　在 students 表中，为 last_name 列创建索引。

```
CREATE INDEX idx_lastname
ON students (last_name);
```

执行该语句以后，就在 students 表中创建了一个名为 idx_lastname 的索引，该索引是在 last_name 这一列上的。

（2）删除索引。

删除索引的语法格式如下。

```
DROP INDEX index_name
ON table_name;
```

其中，index_name 是要删除的索引的名称；table_name 是索引所在的表名。

【例 3.64】　删除 students 表中名为 idx_lastname 的索引。

```
DROP INDEX idx_lastname
ON students;
```

执行该语句后，将删除名为 idx_lastname 的索引，该索引位于 students 表中。

通过以上 SQL 语句，可以创建和管理数据库中的索引。索引的创建可以提高查询性能，但需要注意索引的数量和更新代价，避免创建过多或不必要的索引，以保证数据库的性能和稳定性。

3. 索引的优化和选择

（1）索引的性能。

尽管索引可以提供查询性能，但索引过多也会带来以下问题。

①增加写操作的开销：每次对表进行插入、更新或删除操作时，数据库都需要更新相关的索引，过多的索引会增加写操作的开销。

②占用存储空间：每个索引都需要占用一定的存储空间，过多的索引会占用大量的存储空间。

③查询性能下降：过多的索引可能导致数据库优化器在选择合适的索引时产生困难，从而影响查询性能。

（2）优化方法。

为了避免索引过多带来的问题，可以采取以下优化方法。

①分析查询需求：根据实际的查询需求和业务场景，选择合适的列进行索引，避免创建不必要的索引。

②聚集索引和覆盖索引：合理使用聚集索引和覆盖索引，以减少不必要的索引数量。

③定期检查和清理：定期检查数据库中的索引情况，删除不再使用或冗余的索引。

④使用工具进行分析：可以使用数据库性能分析工具，如 Explain Plan 等，来分析查询语句的执行计划，帮助选择合适的索引。

（3）索引的选择。

在选择索引时，需要考虑以下因素。

①查询频率：选择那些经常用于查询条件的列进行索引，以提高查询性能。

②数据的唯一性：对于具有高度唯一性的列，如主码列，通常需要创建唯一索引。

③数据的分布情况：如果某个列的数据分布不均匀，则可能需要创建复合索引来提高查询性能。

④更新频率：对于经常进行更新操作的列，需要权衡索引的更新代价和查询性能。

综合考虑以上因素，可以选择合适的索引策略，避免索引过多带来的问题，提高数据库的性能和稳定性。

3.5.2 视图概述

视图是数据库中的一种虚拟表，它是由一张或多张表的数据经过查询后形成的一种虚拟表。视图并不实际存储数据，而是根据特定的查询条件动态地生成结果集。在数据库中，视图可以被当作一张表来使用，用户可以对视图进行查询、插入、更新和删除操作，就像对普通表进行操作一样。

视图是数据库中一个非常有用的工具，可以简化复杂的查询，提高数据安全性，提高代码的重用性和可维护性。

1. 视图的定义

（1）创建视图。

SQL 使用 CREATE VIEW 语句创建视图，具体的语法格式如下。

```
CREATE VIEW view_name AS
SELECT column1, column2,...
FROM table_name
WHERE condition
[WITH CHECK OPTION];
```

①简单视图。

【例 3.65】　创建 employee 表中 IT 部门员工的视图。

```
CREATE VIEW employee_IT_view AS
SELECT emp_id, emp_name, emp_department
FROM employee
WHERE emp_department='IT';
```

执行该语句后，将创建一个名为 employee_IT_view 的视图，该视图包含了 employee 表中部门为 IT 的员工的员工号、姓名。

注意：创建好视图以后，系统会将其定义存入数据字典，并不执行其中的 SELECT 语句。只有在对视图进行查询时，才按视图的定义从基本表中将数据查出。

②带 WITH CHECK OPTION 的视图。

【例 3.66】　创建 employee 表中工资高于 5 000 的员工的视图。

```
CREATE VIEW high_salary_view AS
SELECT emp_id, emp_name, emp_salary
FROM employee
WHERE emp_salary > 5000
WITH CHECK OPTION;
```

执行该语句后，将会创建一个名为 high_salary_view 的视图，该视图包含了 employee 表中工资高于 5 000 的员工的员工号、姓名和工资信息，并且使用了 WITH CHECK OPTION，确保插入或更新的数据满足视图的条件。

若一个视图是从单张基本表导出的，并且只是去掉了基本表的某些行和某些列，但保留了主码，那么我们将这类视图称为行列子集视图。例 3.65、例 3.66 中的视图都是行列子集视图。

③基于多表连接的视图。

视图不仅可以建立在单张基本表上，也可以建立在多张基本表上。

【例 3.67】　创建视图，通过该视图可以查询员工的姓名、所在部门的名称。

```
CREATE VIEW employee_department_view AS
SELECT e.emp_name, d.department_name
FROM employee e, department d
WHERE e.emp_department_id=d.department_id;
```

执行该语句后，将创建一个名为 employee_department_view 的视图，该视图包含了 employee 表和 department 表的信息，从而可以查询员工所在部门的名称。

④基于视图的视图。

视图不仅可以建立在一张或多张基本表上，也可以建立在一个或多个已定义好的视图上，或者建立在基本表与视图的连接上。

【例 3.68】 创建视图，通过该视图可以查询员工的员工号、姓名及其所在部门的名称。

```
CREATE VIEW employee_view_view AS
SELECT emp_id, emp_name, emp_department
FROM employee_IT_view;
```

执行该语句后，将创建一个名为 employee_view_view 的视图，该视图是基于已存在的 employee_IT_view 视图进行创建的。

⑤带表达式的视图。

因为视图中的数据并不被实际存储，所以定义视图时可以根据应用的需要，设置一些派生属性列。这些派生属性列在基本表中并不实际存在，因此也称为虚拟列。带虚拟列的视图又称为带表达式的视图。

【例 3.69】 创建视图，将员工的奖金设为工资的 10%。

```
CREATE VIEW employee_bonus_view AS
SELECT emp_id, emp_name, emp_salary, emp_salary * 0.1 AS bonus
FROM employee;
```

执行该语句后，将创建一个名为 employee_bonus_view 的视图，该视图包含了 employee 表中员工的员工号、姓名、工资，并且计算了员工的奖金（工资×10%）。

⑥分组视图。

还可以用带有聚集函数和 GROUP BY 子句的查询来定义视图，这种视图称为分组视图。

【例 3.70】 创建视图，计算各部门的总工资。

```
CREATE VIEW department_total_salary_view AS
SELECT department_id, SUM(emp_salary) AS total_salary
FROM employee
GROUP BY department_id;
```

执行该语句后，将创建一个名为 department_total_salary_view 的视图，该视图包含了 employee 表中各部门的总工资信息，对员工表进行部门 ID 分组并计算总工资。

（2）删除视图。

删除视图的基本语法格式如下。

```
DROP VIEW view_name[CASCADE];
```

其中，view_name 表示要删除的视图名；CASCADE 表示级联删除。

当视图被删除后，与该视图相关的查询和操作将无法继续使用该视图。任何引用了被删除视图的查询、存储过程或应用程序代码将会出现错误。此外，如果有其他视图依赖被删除的视图，则可以使用 CASCADE 级联删除语句，把该视图和由它导出的所有视图一起删除。

当基本表被删除后，其上定义的视图将无法正常使用。在这种情况下，要么需要重新创建基本表，要么需要重新定义视图，以便基于新的数据源进行查询。

【例 3.71】 删除视图 department_total_salary_view。

```
DROP VIEW department_total_salary_view;
```

执行该语句后，视图将会从数据字典中被删除。

【例 3. 72】　删除视图 employee_IT_view。

```
DROP VIEW employee_IT_view;
```

提交该语句，系统将拒绝执行，因为 employee_IT_view 又导出了另一个新的视图 employee_view_view。如果要一起删除，则可以用级联删除语句。

```
DROP VIEW employee_IT_view CASCADE;
```

2. 视图的查询

视图查询是通过 SELECT 语句来访问和检索视图中的数据，其基本的语法格式如下。

```
SELECT * FROM view_name;
```

在这条语句中，view_name 是要查询的视图的名称。通过执行上述 SELECT 语句，可以获取视图中的数据，并进行相应的操作。

【例 3. 73】　查询 IT 部门员工的基本信息。

```
SELECT * FROM employee_IT_view;
```

执行该语句后，将返回 employee 表中 IT 部门员工的基本信息，包括员工的员工号、姓名。

注意：在执行视图的查询时，数据库系统会将视图的查询替换为其定义的基本表的查询，然后执行替换后的查询，以便获取最终的结果。把对视图的查询转换为对基本表的查询称为视图的消解。

例 3.73 进行视图消解后的结果如下。

```
SELECT emp_id, emp_name
FROM employee
WHERE emp_department='IT';
```

然后，系统会执行这个转换后的查询，获取最终的结果，即返回 employee 表中 IT 部门员工的 emp_id、emp_name 字段的数据。

这就是视图消解的基本原理，通过将视图的查询替换为其定义的基本表的查询，来获取最终的查询结果。

【例 3. 74】　查询工资高于 5 000 的员工的基本信息。

```
SELECT * FROM high_salary_view;
```

执行该语句后，将返回 employee 表中工资高于 5 000 的员工的员工号、姓名和工资。

【例 3. 75】　查询员工的姓名和其所在部门的名称。

```
SELECT * FROM employee_department_view;
```

执行该语句后，将返回 employee 表中员工的姓名，以及对应的 department 表中员工所在部门的名称。

【例 3.76】 查询 IT 部门员工的工资信息。

```
SELECT * FROM employee_view_view;
```

执行该语句后，将返回 employee 表中 IT 部门员工的员工号、姓名和工资。

【例 3.77】 查询奖金大于 5 000 的员工的基本信息。

```
SELECT * FROM employee_bonus_view WHERE bonus>5000;
```

执行该语句后，将返回员工的员工号、姓名、工资和奖金（工资×10%）。

【例 3.78】 查询部门的总工资小于 50 000 的员工信息。

```
SELECT * FROM department_total_salary_view WHERE total_salary<50000;
```

提交该语句后，先进行视图消解，得到的结果为

```
SELECT department_id, SUM(emp_salary) AS total_salary
FROM employee
WHERE SUM(emp_salary)<50000
GROUP BY department_id;
```

因为 WHERE 子句在查询数据时是对每一行进行条件判断，而不是对整个结果集进行聚合操作的，所以在 WHERE 子句中不能使用聚集函数，上面转换后的语句不能正确查询。

如果需要在查询中使用聚集函数进行条件过滤，那么应该使用 HAVING 子句。HAVING 子句用于对聚集函数的结果进行条件过滤，因为它是在对整个结果集进行聚集后再进行筛选，所以可以使用聚集函数进行条件判断。

正确的查询语句如下。

```
SELECT department_id, SUM(emp_salary) AS total_salary
FROM employee
GROUP BY department_id
HAVING SUM(emp_salary)<50000;
```

以上介绍了通过视图进行查询的例子，注意要根据实际情况进行分析和操作。

3. 视图的更新

视图的更新是指通过视图对基本表进行增加（INSERT）、删除（DELETE）、修改（UPDATE）操作。在进行视图的更新时，需要满足一定的条件和限制，以确保更新操作的正确性和安全性。

（1）插入新元组。

有以下创建视图的语句。

```
CREATE VIEW high_salary_employees AS
SELECT emp_id, emp_name, salary
FROM employee
WHERE salary > 50000;
```

通过该视图，插入一个新元组。

```
INSERT INTO high_salary_employees (emp_id, emp_name, salary)
VALUES (101, 'John' , 60000);
```

上面的例子中，首先创建了一个名为 high_salary_employees 的视图，用于展示工资高于 50 000 的员工信息。然后通过 INSERT 语句向这个视图中插入一条记录，表示工资为 60 000 的员工 John 的信息。因为视图是基于 employee 表的，所以通过视图进行的插入操作实际上是对 employee 表进行的操作。

（2）删除元组。

```
DELETE FROM high_salary_employees
WHERE emp_id=101;
```

上面的例子中，通过 DELETE 语句从 high_salary_employees 视图中删除了工资为 60 000 的员工 John 的信息。同样，因为视图是基于 employee 表的，所以通过视图进行的删除操作实际上是对 employee 表进行的操作。

（3）修改元组。

```
UPDATE high_salary_employees
SET salary=65000
WHERE emp_id=101;
```

上面的例子中，通过 UPDATE 语句将 high_salary_employees 视图中工资为 60 000 的员工 John 的工资修改为 65 000。同样，因为视图是基于 employee 表的，所以通过视图进行的修改操作实际上是对 employee 表进行的操作。

需要注意的是，视图的更新操作需要满足一定的条件，例如，视图的定义不能包含以下情况：聚合函数、GROUP BY、DISTINCT、UNION、INTERSECT、EXCEPT、子查询等。此外，视图的更新还受到基础表的约束和触发器的影响，需要谨慎处理。

4. 视图的作用

视图是基于一张或多张基本表的虚拟表，它们的数据是从基本表中获取的，而不是独立存储的。视图存储的是基本表的查询结果，而不是实际的数据。

那么定义视图有什么作用呢？视图的作用主要体现在以下几个方面。

（1）视图可以对用户隐藏基本表的细节，让用户只能访问视图中定义的数据，从而简化用户的操作。用户可以通过视图来获取所需的数据，而不必了解基本表的结构和关系。

（2）视图能为用户提供多种角度去看待同一数据。通过创建不同的视图，用户可以根据不同的需求查看同一组数据的不同部分或不同组合，从而更灵活地进行数据分析和处理。

（3）视图对重构数据库提供了一定程度的逻辑独立性。如果基本表的结构发生变化，那么只需要修改视图的定义，而不需要修改用户对视图的查询操作，从而减少了对用户操作的影响。

（4）视图可以对机密数据提供安全保护。通过视图，可以控制用户对数据的访问权限，只允许用户访问他们所需要的数据，而不允许访问整张基本表。

（5）视图可以更清晰地表达查询。通过创建视图，可以将复杂的查询逻辑抽象为一个简单的视图，这使查询语句更加清晰、简洁、易于理解和维护。

【例 3.79】 假设有一张员工信息（employee）表和一张部门信息（department）表，现在我们可以创建一个视图来展示员工的基本信息和其所在部门的名称。

```
CREATE VIEW employee_department_view AS
SELECT e.emp_id, e.emp_name, d.department_name
FROM employee e, department d
WHERE e.department_id=d.department_id;
```

通过这个视图，用户可以方便地获取员工的基本信息和其所在部门的名称，而不必了解员工信息表和部门信息表的具体结构和关系。这样可以简化用户的操作，并为用户提供从多种角度去查看员工和部门信息。

3.5.3 索引和视图的设计及优化

1. 索引的设计和优化

索引是一种数据结构，用于加快数据库表的数据检索速度。通过在表的列上创建索引，可以快速定位到符合查询条件的数据行，从而提高查询性能。

为了提高数据库的查询性能，可以根据实际的查询需求和数据分布情况，对表的列创建适当的索引。通常情况下，可以考虑在经常用于查询条件的列上创建索引，以及在经常用于连接操作的列上创建索引。另外，在对表进行更新操作时，索引也需要进行维护，因此，需要谨慎选择索引的创建。

2. 视图的设计和优化

视图是基于一张或多张基本表的虚拟表，它可以简化用户的操作、提供多种角度看待同一数据、对重构数据库提供逻辑独立性、提供安全保护、更清晰地表达查询等。

为了提高视图的性能，可以考虑以下几种优化策略。

（1）简化视图的定义。

视图的定义应该尽量简洁明了，避免使用复杂的逻辑和嵌套查询，以提高查询性能。

（2）确保基本表上有合适的索引。

视图的性能受到基本表的性能影响，因此，需要在基本表上创建适当的索引，以提高视图的查询性能。

（3）避免在视图中使用聚集函数。

在视图中使用聚集函数会导致每次查询时都要进行聚集计算，影响查询性能，因此，应该尽量避免在视图中使用聚集函数。

（4）考虑使用材料化视图。

材料化视图是一种预先计算并存储查询结果的视图，可以提高查询性能，特别是对于复杂的查询。

（5）考虑缓存视图结果。

对于经常被查询的视图，可以考虑将视图的结果缓存起来，以减少查询的计算开销。

总的来说，索引和视图都是数据库中重要的概念，它们在实际应用中都需要根据具体的场景进行合理的设计和优化，以提高数据库的性能和可维护性。

知识拓展   >>>

通过在索引和视图的构建与使用中融入智能技术，可以实现数据访问和管理的智能化与高效化，提升数据处理效率和用户体验。

1. 智能索引技术

根据具体查询模式动态创建和优化索引。这些索引可以自适应应用程序的需求，确保查询尽可能快。一些最新的 DBMS 使用机器学习算法自动分析查询模式，并给出最优索引策略建议。这些系统还可以实时调整索引，以适应数据模式的变化。

2. 多种索引类型

除了传统的 B 树索引，现在还有倒排表+跳表查询（如在 Lucene 中使用的 bitmap index 及基于多表连接的 bitmap join index）等更高效的索引技术。

3. 自动化与智能化管理

DBMS 可以自动分析查询模式，并根据这些查询模式自动调整或建议索引策略，从而减轻数据库管理员的负担。

4. 视图的智能维护与更新

数据库系统可以自动跟踪视图所依赖的基础数据的变化，并智能地更新视图，以确保视图的实时性和准确性。

5. 视图与索引的结合

可以对视图创建索引，以进一步提高基于视图的查询性能。这种结合使视图不仅能够简化复杂查询的编写，还能够通过索引优化查询性能。

3.6 小结

本章介绍了 SQL 的基础知识，包括 SQL 的发展历程和标准、数据定义、数据查询、数据更新等内容。SQL 作为结构化查询语言，经历了多个版本的发展，这些版本不断完善了 SQL 的功能和规范，使 SQL 成为关系数据库管理系统中重要的查询语言之一。

数据定义中的 CREATE、ALTER、DROP 语句，可以使我们可以灵活地定义和管理数据库中的表结构。

数据查询部分介绍了单表查询、连接查询、嵌套查询和集合查询等内容。单表查询通过 SELECT 语句实现对单张表的数据检索；连接查询则允许我们在多张表之间进行关联查询；嵌套查询和集合查询进一步扩展了查询的灵活性和功能。

数据更新部分介绍了相关语句，包括用于插入新数据的 INSERT 语句、用于修改数据的 UPDATE 语句、用于删除数据的 DELETE 语句。这些语句使我们可以对数据库中的数据进行灵活的增加、修改和删除操作，从而实现对数据的有效管理和维护。

最后介绍了索引和视图的相关知识，SQL 通过 CREATE INDEX 语句创建索引，以提高数据检索的性能；通过 CREATE VIEW 语句创建视图，基于视图对数据进行增、删、改、查的操作，可以简化复杂查询，隐藏数据细节，提高数据的安全性。

通过对本章的学习，我们对 SQL 的基础知识有了更深入的了解，为进一步学习和应用 SQL 打下了坚实的基础。

拓展阅读

1. 张健，李弋，彭鑫，等. 正反例归纳合成 SQL 查询程序［J］. 软件学报，2023，34（09）：4132-4152.

2. 赵猛，陈珂，寿黎但，等. 基于树状模型的复杂自然语言查询转 SQL 技术研究［J］. 软件学报，2022，33（12）：4727-4745.

3. 何佳壕，刘喜平，舒晴，等. 带复杂计算的金融领域自然语言查询的 SQL 生成［J］. 浙江大学学报（工学版），2023，57（02）：277-286.

4. 梁清源，朱琪豪，孙泽宇，等. 基于深度学习的 SQL 生成研究综述［J］. 中国科学：信息科学，2022，52（08）：1363-1392.

5. 赵伟，周颖杰，李政辉，等. 一种基于少量异常标签的 SQL 注入攻击检测方法［J］. 四川大学学报（自然科学版），2022，59（06）：39-47.

习　题

一、单项选择题

1. SQL 集数据查询、数据操纵、数据定义和数据控制功能于一体，其中，CREATE、DROP、ALTER 语句是实现（　　）功能。

A. 数据查询　　　　B. 数据操纵　　　　C. 数据定义　　　　D. 数据控制

2. 若要删除数据库中已经存在的表 S，则可用（　　）。

A. DELETE TABLE S　　　　　　　　B. DELETE S

C. DROP TABLE S　　　　　　　　　D. DROP S

3. 若要在基本表 S 中增加一列 CN（课程名），则可用（　　）。

A. ADD TABLE S(CN CHAR(8))

B. ADD TABLE S ALTER(CN CHAR(8))

C. ALTER TABLE S ADD(CN CHAR(8))

D. ALTER TABLE S（ADD CN CHAR(8)）

4. 有学生关系 S（S#，Sname，Sex，Age），S 的属性分别表示学生的学号、姓名、性别、年龄。要在表 S 中删除一个属性"年龄"，可选用的 SQL 语句是（　　）。

A. DELETE Age from S　　　　　　B. ALTER TABLE S DROP Age

C. UPDATE S Age　　　　　　　　D. ALTER TABLE S 'Age'

5. 有关系 S(S#，SNAME，SAGE)、C(C#，CNAME)、SC(S#，C#，GRADE)。其中，S#是学生的学号；SNAME 是学生的姓名；SAGE 是学生的年龄；C#是课程号；CNAME 是课程名称。要查询选修 ACCESS 课的年龄不小于 20 的全体学生的姓名的 SQL 语句是"SELECT SNAME FROM S，C，SC WHERE 子句"。这里的 WHERE 子句的内容是（　　）。

A. S. S#=SC. S# AND C. C#=SC. C# AND SAGE>=20 AND CNAME='ACCESS'

B. S. S#＝SC. S# AND C. C#＝SC. C# AND SAGE IN>＝20 AND CNAME IN 'ACCESS'

C. SAGE IN>＝20 AND CNAME IN 'ACCESS'

D. SAGE>＝20 AND CNAME＝'ACCESS'

6. 设关系数据库中一张表 S 的结构为 S(SN，CN，grade)，其中，SN 为学生的姓名，CN 为课程名，两者均为字符型；grade 为成绩，数据类型为数值型，取值范围为 0～100。若要把"张二的化学成绩 80 分"插入表 S 中，则可用（　　）。

A. ADD INTO S VALUES('张二','化学','80')

B. INSERT INTO S VALUES('张二','化学','80')

C. ADD INTO S VALUES('张二','化学',80)

D. INSERT INTO S VALUES('张二','化学',80)

7. 设关系数据库中一张表 S 的结构为 S(SN，CN，grade)，其中，SN 为学生的姓名，CN 为课程名，两者均为字符型；grade 为成绩，数据类型为数值型，取值范围为 0～100。若要更正王二的化学成绩为 85 分，则可用（　　）。

A. UPDATE S SET grade＝85 WHERE SN＝'王二' AND CN＝'化学'

B. UPDATE S SET grade＝'85' WHERE SN＝'王二' AND CN＝'化学'

C. UPDATE grade＝85 WHERE SN＝'王二' AND CN＝'化学'

D. UPDATE grade＝'85' WHERE SN＝'王二' AND CN＝'化学

8. 在 SQL 中，子查询是（　　）。

A. 返回单表中数据子集的查询语言　　　B. 选取多表中字段子集的查询语句

C. 选取单表中字段子集的查询语句　　　D. 嵌入另一条查询语句之中的查询语句

9. 有关系 S(S#,SNAME,SEX)、C(C#,CNAME)、SC(S#,C#,GRADE)，其中，S#是学生的学号；SNAME 是学生的姓名；SEX 是性别；C#是课程号；CNAME 是课程名称。要查询选修"数据库"课程的全体男生的姓名的 SQL 语句是"SELECT SNAME FROM S，C，SC WHERE 子句"。这里的 WHERE 子句的内容是（　　）。

A. S. S#＝SC. S# AND C. C#＝SC. C# AND SEX＝'男' AND CNAME＝'数据库'

B. S. S#＝SC. S# AND C. C#＝SC. C# AND SEX IN'男' AND CNAME IN'数据库'

C. SEX '男' AND CNAME '数据库'

D. S. SEX＝'男' AND CNAME＝'数据库'

10. 若用如下的 SQL 语句创建了一张表 SC。

CREATE TABLE SC (S# CHAR(6) NOT NULL,C# CHAR(3) NOT NULL,SCORE INTEGER,NOTE CHAR(20));

当向 SC 表中插入如下行时，（　　）行可以被插入。

A. ('201009','111',60,必修)　　　　　B. ('200823','101',NULL,NULL)

C. (NULL,'103',80,'选修')　　　　　　D. ('201132',NULL,86,' ')

11. 假设有学生关系 S(S#,SNAME,SEX)、课程关系 C(C#,CNAME)、学生选课关系 SC (S#,C#,GRADE)。要查询选修"Computer"课程的男生的姓名，将涉及关系（　　）。

A. S　　　　　　　　　　　　　　　　B. S、SC

C. C、SC　　　　　　　　　　　　　　D. S、C、SC

12. 在视图上不能完成的操作是（　　）。

A. 更新视图　　　　　　　　　　B. 查询视图

C. 在视图上定义新的表　　　　　D. 在视图上定义新的视图

13. SQL 中，删除一个视图的命令是（　　）。

A. DELETE　　　　B. DROP　　　　C. CLEAR　　　　D. REMOVE

14. 在 SQL 中的视图 VIEW 是数据库的（　　）。

A. 外模式　　　　B. 模式　　　　C. 内模式　　　　D. 存储模式

15. 有表 Student(学号，姓名，性别，身份证号，出生日期，所在系号)，在此表上使用（　　）语句能创建视图。

A. CREATE VIEW vst AS SELECT ＊ FROM Student

B. CREATE VIEW vst ON SELECT ＊ FROM Student

C. CREATE VIEW AS SELECT ＊ FROM Student

D. CREATE TABLE vst AS SELECT ＊ FROM Student

16. 下列哪个属性不适合建立索引？（　　）

A. 经常出现在 GROUP BY 子句中的属性

B. 经常参与连接操作的属性

C. 经常出现在 WHERE 子句中的属性

D. 经常需要进行更新操作的属性

二、填空题

1. SQL 的全称是＿＿＿＿。

2. SQL 的数据定义语句包括＿＿＿＿；＿＿＿＿；＿＿＿＿。

3. 设有学生表 S(学号，姓名，班级) 和学生选课表 SC(学号，课程号，成绩)，为维护数据的一致性，表 S 和表 SC 之间应满足＿＿＿＿完整性约束。

4. SQL 支持数据库系统的三级模式结构，其中，外模式对应于＿＿＿＿；模式对应于＿＿＿＿；内模式对应于＿＿＿＿。

5. SQL 的特点包括＿＿＿＿；＿＿＿＿；＿＿＿＿；＿＿＿＿；＿＿＿＿。

三、求解题

有下面 3 个关系模式：职工(职工号，姓名，年龄，职位编号，工资，部门号)；部门(部门号，名称，经理名，电话，销售的产品名)；产品(产品名，价格，型号)。

请用 SQL 定义这 3 个关系模式，要求：

1. 每个属性的数据类型根据实际情况自行给出；

2. 定义每个关系模式的主码；

3. 定义参照完整性；

4. 定义职工的姓名不允许为空、部门名称唯一、职工的年龄不得超过 60 岁。

四、视图操作

使用第 3 章建立的 Student、Course、SC 表，按要求写出 1~4 题的创建视图的 SQL 语句，并通过创建的视图完成 5~8 题的查询。

1. 查询学生的学号、姓名、系、课程号、课程名、课程学分。

2. 查询学生的学号、姓名、选修的课程名和考试成绩。

3. 统计每个学生的选课门数，要求列出学生的学号和选课门数。

4. 统计每个学生的选课总学分，要求列出学生的学号和总学分（成绩大于或等于 60 才能获得学分）。

5. 查询计算机系学生的姓名和选课名称。

6. 查询考试成绩大于或等于 90 分的学生的姓名、课程名和成绩。

7. 查询数学系学生的选课门数。

8. 查询外语系学生的总学分。

五、编程题

供应商–零件–工程项目数据库由以下 4 个关系模式构成。

S(SNO,SNAME,STATUS,CITY)
P(PNO,PNAME,COLOR,WEIGHT,CITY)
J(JNO,JNAME,CITY)
SPJ(SNO,PNO,JNO,QTY)

供应商 S、零件 P 和工程项目 J 分别由供应商号（SNO）、零件号（PNO）和工程项目号（JNO）唯一标识，供货 SPJ 是指由某个供应商向某个工程项目供应某些数量的某种零件。

请用 SQL 完成如下操作。

1. 找出给北京的工程项目提供的不同的零件号。

2. 将没有供货的所有工程项目从 J 中删除。

3. 查询提供全部零件的供应商名。

4. 查询这样的工程项目号：供给该工程项目的零件 P1 的平均供应量大于供给工程项目 J1 的任何一种零件的最大供应量。

5. 求为工程项目 J1 提供红色零件的供应商号。

6. 求供应商与工程项目所在城市相同的供应商提供的零件号。

7. 查询工程项目号，其供应商和工程项目不在同一城市。

习题答案

在数据库设计中，规范化是确保数据一致性和减少数据冗余的关键步骤。本章我们将深入探讨规范化问题的提出背景、数据依赖的概念、规范化的方法和目的，以及数据依赖的公理系统和模式的分解。在学习过程中，我们可能会遇到如何合理分解数据模式、处理复杂数据依赖等问题。通过学习本章，我们将更加深入理解数据库设计的精髓，培养追求卓越、精益求精的工匠精神，为构建高效、稳定的数据库系统打下坚实的基础。

第 4 章

关系数据理论

【学习目标】

（1）理解关系数据理论的基本概念，包括函数依赖、码、范式等内容。理解不同范式对数据库设计的影响，以及范式之间的转换规则和关系。

（2）掌握应用函数依赖和范式的概念进行数据库设计和优化的方法；掌握数据依赖的公理系统和模式的分解方法。

（3）能够将所学的关系数据理论知识应用到实际的数据库设计和优化工作中。

【学习难点】

（1）函数依赖、范式等概念相对抽象，需要具备较强的抽象思维能力，以便理解这些概念在数据库设计中的实际应用。

（2）理解不同范式之间的转换规则，如从第二范式到第三范式的转换，以及理解这些规则对数据库设计的影响。

（3）将理论知识应用到实际的数据库设计中需要有一定的实践经验和技能，需要通过练习和项目实践来提高数据库设计和优化能力。

【素养目标】

（1）通过学习关系数据理论，培养分析和解决数据库设计中的问题的能力，包括识别和解决范式设计中的不一致性和冗余性等问题。

（2）培养抽象思维能力，理解抽象的数据库设计概念，并能够将这些概念应用到具体的数据库设计和优化中。

（3）在实际的数据库应用开发中，需要与团队成员合作开展数据库设计和优化工作，因此需要培养团队合作能力。

（4）培养将理论知识应用到实际数据库设计中的能力，包括通过实际项目练习和实践经验来提高数据库设计和优化能力。

4.1　规范化问题的提出

关系模式由 5 个部分组成，即一个关系模式是一个五元组：

$$R(U, D, \text{DOM}, F)$$

其中，每个组成部分的含义如下。

R：关系名。

U：组成该关系的属性名集合。

D：属性组 U 中属性所来自的域。

DOM：属性向域的映像集合。

F：属性组 U 上的一组数据依赖。

关系模式 $R(U, D, \text{DOM}, F)$ 通常简化为一个三元组：

$$R(U, F)$$

当且仅当 U 上的一个关系 r 满足 F 时，r 称为关系模式 $R(U, F)$ 的一个关系。

4.1.1　关系数据库的规范化理论

20 世纪 70 年代，IBM 的计算机科学家 Edgar F. Codd 首次提出了关系数据库的规范化理论，旨在解决数据冗余和数据不一致性的问题。这一理论奠定了关系数据库设计的基础，对后来的数据库理论和实践产生了深远的影响。规范化理论通过一系列规范化步骤，将关系模式中的数据组织成更加规范化的形式，以减少数据冗余，提高数据的一致性和完整性。

一个关系数据库由一组关系模式组成，一个关系由一组属性名组成，关系数据库的规范化问题就是如何把已给定的相互关联的一组属性名分组，并把每一组属性名组成关系的问题。也就是用形式更加简洁、结构更加规范的关系模式取代原有关系的过程。

在规范化理论中，规范化的形式主要有第一范式、第二范式、第三范式、Boyce-Codd 范式及第四范式。第一范式要求每个属性都是原子的、不可再分的；第二范式要求表中的非主属性完全函数依赖候选码；第三范式要求表中的非主属性不传递函数依赖候选码；Boyce-Codd 范式要求表中的主属性完全函数依赖码；第四范式则是在多值依赖的基础上引入的概念。通过这些范式，规范化理论能够消除数据冗余、减少数据异常，提高数据库的完整性和一致性。

在数据库设计中，数据冗余、插入异常、删除异常、修改复杂是常见的问题。数据冗余会导致存储空间的浪费，增加数据不一致性的风险。插入异常是指在插入新数据时，需要重复插入相同的信息，否则会丢失相关信息。删除异常是指删除一条数据时，会导致其他相关数据的丢失。修改复杂是指修改数据时需要修改多处信息，如果遗漏某处，那么就会导致数据库中出现数据不一致的情况。

4.1.2 引例

【例4.1】 有一个包含学生信息和课程信息的关系模式，如表4.1所示。

表4.1 学生-课程关系

学号	姓名	课程号	课程名	教师
2301	张明	101	高等数学	王敏
2301	张明	102	大学英语	刘丽丽
2302	李大为	101	高等数学	王敏
2302	李大为	103	线性代数	赵凯
2303	刘洋	102	大学英语	刘丽丽

根据现实世界的具体情况，学生-课程关系应具有如下语义：每个学生可以选修多门课程；每门课程可以被多个学生选修；每门课程有一个任课教师。

在这个关系模式中，属性组（学号，课程号）可以唯一标识一行元组，因此，（学号，课程号）是学生-课程关系的主码。如果学生选课系统使用这个关系模式，则会出现以下几个方面的问题。

（1）数据冗余。学生的学号和姓名存在重复存储的情况，学生选了几门课程，就要存储几次；同时，被多次选修的课程名和任课教师也要重复存储，数据的冗余度很大，浪费了存储空间。

（2）插入异常。如果一门课程没有学生选修，则不能插入课程和教师信息。因为在这个关系模式中，（学号，课程号）是主码，根据实体完整性规则，任何记录的主码值不能取为空值或部分空值，因为没有选课学生的学号信息，所以不能进行插入操作。

（3）删除异常。若某门课程被所有学生退选，则需要删除选课信息，本来应该只删除学生的学号等信息，但因为学号是主码的一部分，为保证实体完整性规则，所以必须将整个元组一起删除，这样，元组中的课程信息和教师信息也一起被删除了。

（4）修改复杂。当学生的姓名有误需要修改时，就要修改多行元组，该学生有多少选课记录，就需要修改多少行元组，存在操作复杂且易出错等问题。

通过上述分析可以发现，例4.1中的学生-课程关系模式不是一个好的关系模式，如果在关系数据库中使用该模式，则将会带来数据冗余、插入异常、删除异常和修改复杂等问题。进一步分析可以发现，主要是因为该模式中包含了过多的属性信息，而这些属性之间存在不同程度的数据依赖。一个好的关系模式应当不会产生插入异常、删除异常、修改复杂的问题，数据冗余也尽可能少。如何设计一个好的关系模式，或者如何将一个不好的关系模式改造成一个好的关系模式？这就是关系规范化要解决的问题，下面先从数据依赖的概念开始进行讨论。

知识拓展　　　>>>

NoSQL 数据库与关系数据库在数据模型和存储方式上有着本质的不同，因此，直接将规范化理论应用到 NoSQL 数据库可能并不完全适用。可以借鉴规范化理论的一些原则来指导 NoSQL 数据库的设计和优化。

1. 数据建模的参考

借鉴规范化理论中的概念，分析 NoSQL 数据库中的数据依赖关系，以识别并消除潜在的数据冗余。

2. 避免过度规范化

与关系数据库不同，NoSQL 数据库更注重性能和扩展性。因此，在应用规范化理论时，需要权衡规范化带来的好处与可能导致的性能下降。过度规范化可能导致需要进行更多的数据连接和查询操作，这在 NoSQL 数据库中可能并不高效。因此，在设计时应避免不必要的规范化。

3. 利用 NoSQL 的特性

NoSQL 数据库通常支持非结构化和半结构化数据的存储，这提供了更高的灵活性。在设计时，可以充分利用 NoSQL 数据库的这一特性来满足业务需求，而不必过分拘泥于严格的规范化要求。根据 NoSQL 数据库的类型（如键值存储、文档型数据库、列式数据库等），选择最适合的数据模型和存储方式。

4. 数据一致性和完整性的考量

尽管 NoSQL 数据库在数据一致性和完整性方面可能不如关系数据库严格，但仍然需要考虑这些因素。可以借鉴规范化理论中的原则来确保数据的准确性和一致性。例如，在设计文档型 NoSQL 数据库时，可以确保文档内的数据结构符合一定的规范，以减少数据错误和不一致性的风险。

4.2　数据依赖

数据依赖是指一个关系内属性与属性之间的一种约束关系，它通过属性间值的相等与否体现出来，是现实世界属性间相互联系的抽象，是数据内在的性质，是语义的体现。数据依赖主要包括函数依赖、多值依赖和连接依赖，这些不同类型的数据依赖对于数据库设计和规范化过程中的分析和优化非常重要。

4.2.1　函数依赖

定义 4.1　设有一个关系模式 $R(A_1, A_2, \cdots, A_n)$，X 和 Y 为 $(A_1, A_2, \cdots, A_n)$ 的子集，对于 R 的值 r 来说，当其中任意两个元组 u、v 中对应于 X 的那些属性分量的值均相等时，有 u、v 中对应于 Y 的那些属性分量的值也相等，称 X **函数决定** Y，或者 Y **函数依赖** X，记为 $X \rightarrow Y$。

注意：

（1）函数依赖不是指关系模式 R 的某个或某些关系满足的约束条件，而是指 R 中所有关系都要满足的约束条件；

（2）$X \rightarrow Y$，若 $Y \not\subset X$，则称 $X \rightarrow Y$ 为**非平凡的函数依赖**；$X \rightarrow Y$，若 $Y \subseteq X$，则称 $X \rightarrow Y$ 为**平凡的函数依赖**。对于任意关系模式，平凡的函数依赖都是必然成立的，它没有反映新的语义。若不特别声明，则默认讨论的是非平凡的函数依赖；

（3）$X \rightarrow Y$，则称 X 为这个函数依赖的决定属性组，也称为**决定因素**。

【例 4.2】 有一个关系模式 Student（Sno，Sname，Ssex，Sage，Sdept），学生关系，包括学号、姓名、性别、年龄、系部字段，子集 X（Sno），子集 Y（Sname，Ssex，Sage，Sdept）。每个学生都有唯一的学号，学生中可以有重名的，每个学生只能属于一个系部。因此，可以找出学生关系模式中存在的函数依赖：Sno→Sname，Sno→Ssex，Sno→Sage，Sno→Sdept。

【例 4.3】 有一个关系模式 School（Sno，Sname，Dname，Mname，Cno，Grade），学校关系，包括学号、姓名、系名、系主任名、课程号、成绩字段，子集 X（Sno，Cno），子集 Y（Sname，Dname，Mname，Grade）。每个学生都有唯一的学号，每个学生只属于一个系，每个系只有一个系主任，每门课程有唯一的课程号，每个学生选修每一门课程有一个成绩。因此，也可以写出学校关系模式中存在的函数依赖：Sno→Sname，Sno→Dname，Dname→Mname，（Sno，Cno）→Grade。

从例 4.2 和例 4.3 可以看出，一个关系模式的有些决定因素是一个属性，有些是两个属性；有些决定因素是直接决定因素，有些是间接决定因素。根据函数依赖的不同性质，可以将函数依赖进一步划分为**完全函数依赖**、**部分函数依赖**和**传递函数依赖**。

定义 4.2 在关系模式 $R(A_1, A_2, \cdots, A_n)$ 中，如果 $X \rightarrow Y$，并且对于 X 的任何一个真子集 X'，都有 $X' \nrightarrow Y$，则称 Y 对 X **完全函数依赖**，记作：

$$X \xrightarrow{\ F\ } Y$$

若 $X \rightarrow Y$，但 Y 不完全函数依赖 X，则称 Y 对 X **部分函数依赖**，记作：

$$X \xrightarrow{\ P\ } Y$$

例如，在例 4.3 中，（Sno，Cno）→Grade 是完全函数依赖，（Sno，Cno）→Sname 是部分函数依赖。

定义 4.3 在关系模式 $R(A_1, A_2, \cdots, A_n)$ 中，如果 $X \rightarrow Y(Y \not\subset X)$，$Y \nrightarrow X$，$Y \rightarrow Z$，则称 Z 对 X **传递函数依赖**，记作：

$$X \xrightarrow{\ 传递\ } Z$$

例如，在例 4.3 中，Sno→Dname，Dname→Mname，则 Sno $\xrightarrow{\ 传递\ }$ Mname。

多值依赖描述了一个属性集合对另一个属性集合的依赖关系，而连接依赖描述了两个属性集合之间的依赖关系。这些依赖关系对于数据库设计和规范化非常重要，可以帮助我们更好地理解数据之间的关系，从而设计出更加合理和高效的数据库结构。本节将重点讨论函数依赖。

4.2.2 码的概念

在关系数据库理论中，可以用函数依赖的概念来定义关系模式中的码。一个属性（或属性组）对于另一个属性的函数依赖意味着前者的取值决定了后者的取值。在关系模式中，如果属性集合 X 的取值能唯一决定属性集合 Y 的取值，那么 X 就是关系模式的一个码。下面给出形式化的定义。

定义 4.4 设 K 为关系模式 $R(U)$ 中的属性或属性组，若 $K \xrightarrow{F} U$，则 K 为 R 的**候选码**。若候选码多于一个，则选定其中的一个为**主码**。

包含在任何一个候选码中的属性，称为**主属性**；不包含在任何一个候选码中的属性称为**非主属性**。

【例 4.4】 有一个关系模式 $R(A, B, C, D)$，其中 A 和 B 的组合能够唯一决定 C 和 D 的值，这意味着 A 和 B 构成了关系模式 R 的一个码。换句话说，如果我们知道了 A 和 B 的值，就能唯一确定 C 和 D 的值，而没有其他的属性或属性组能够做到这一点。因此，A 和 B 是关系模式 R 的一个码，用下划线标记出来。A 和 B 是主属性，C 和 D 是非主属性。

因此，函数依赖的概念可以用来定义关系模式中的码，帮助我们理解关系模式中属性之间的依赖关系，从而设计出符合数据库规范化要求的关系模式。

定义 4.5 关系模式 $R(U)$ 中的属性或属性组 F 并非 R 的码，但 F 是另一个关系 S 的码，则称 F 是 R 的外部码，也称为外码或外键。

【例 4.5】 选课关系模式 SC（Sno，Cno，Grade）中，Sno 不是码，但 Sno 是学生关系模式 Student（Sno，Sname，Ssex，Sage，Sdept）的码，则 Sno 是关系模式 SC 的外码；同时，Cno 也是关系模式 SC 的外码，分别用波浪线标记出来。

📚 知识拓展 >>>

在分布式数据库系统中，确保候选码的唯一性至关重要。

1. 中央协调机制

引入一个中央协调机制或服务来分配和管理候选码。它可以是一个独立的系统或服务，负责生成和分配唯一的候选码。每当需要新的候选码时，系统向中央协调机制请求，并确保每次分配的候选码都是唯一的。

2. 分布式生成算法

使用分布式生成算法来生成候选码，如基于时间戳、机器标识符和其他因素的组合。例如，Twitter 的 Snowflake 算法就是一种分布式系统中生成唯一 ID 的算法，它结合了时间戳、机器 ID 和序列号来生成一个 64 位的唯一 ID。

3. UUIDs（通用唯一标识符）

使用 UUIDs 作为候选码。UUIDs 是 128 位的字符串，提供了一种生成唯一 ID 的方法，这些 ID 在全局上是唯一的，无须中央协调。UUIDs 可以通过特定的算法生成，确保每次生成的 ID 都是不同的。

4. 分片与冗余复制

在分布式数据库中，数据通常会被分片到不同的节点上。为了确保候选码的唯一性，需要仔细设计分片策略，以避免不同的分片中存在相同的候选码。同时，如果需要冗余复制数据以提高可用性，则必须确保复制过程中不会引入重复的候选码。

5. 使用全局时钟或逻辑时钟

在分布式系统中，可以使用全局时钟或逻辑时钟来生成时间戳，并将其作为候选码的一部分。这种方法可以确保即使在多个节点上同时生成候选码，也不会产生冲突。

6. 冲突检测和解决机制

如果在分布式环境中检测到候选码冲突（即两个不同的节点生成了相同的候选码），则需要有一种机制来解决这种冲突。这可能包括重新生成候选码、合并记录或进行其他适当的操作。

4.3 规范化

所谓关系数据库的**规范化**，就是指设计出好的关系模式，或者对现有关系模式进行改进，以构建合理、高效、易于维护的数据库结构，减少数据冗余，消除插入异常、删除异常、修改复杂的问题，提高数据完整性，确保数据库的一致性。

规范化理论是数据库逻辑设计的指南和工具，具体包括以下步骤。

（1）考察关系模型的函数依赖关系，确定范式等级。逐一分析各关系模式，考察是否存在部分函数依赖、传递函数依赖等，确定它们分别属于第几范式。

（2）对关系模式进行合并或分解。根据应用要求，考察这些关系模式是否合乎要求，对于那些需要分解的关系模式，可以用规范化方法和理论进行模式分解。

（3）对产生的各关系模式进行评价、调整，确定出较合适的一组关系模式。

规范化理论提供了判断关系逻辑模式优劣的理论标准，帮助预测模式可能出现的问题，是产生各种模式的算法工具，因此它是设计人员的有力工具。

4.3.1 范式

范式（Normal Forms，NF）是符合某一种级别的关系模式的集合。关系数据库中的关系必须满足一定的要求，满足不同程度要求的为不同范式。满足最低要求的为第一范式，简称1NF。**1NF 是最基本的规范形式，即关系的每一个分量都是不可再分的数据项。**

范式的概念最早由 IBM 的计算机科学家 Edgar F. Codd 于 20 世纪 70 年代提出，以帮助数据库设计者设计出符合规范化要求的数据库结构。Edgar F. Codd 提出了第一范式（1NF）、第二范式（2NF）和第三范式（3NF），随后还有其他更高级的范式被提出，如 Boyce-Codd 范式（BCNF）、第四范式（4NF）、第五范式（5NF）等。这些范式之间有一定的包含关系，即满足更高级别范式的关系模式一定也满足更低级别的范式要求。一个关系模式 R 满足某种级别的范式可以记为 $R \in x\text{NF}$。

各种范式之间的联系可以表示为：$5NF \subset 4NF \subset BCNF \subset 3NF \subset 2NF \subset 1NF$，如图 4.1 所示。

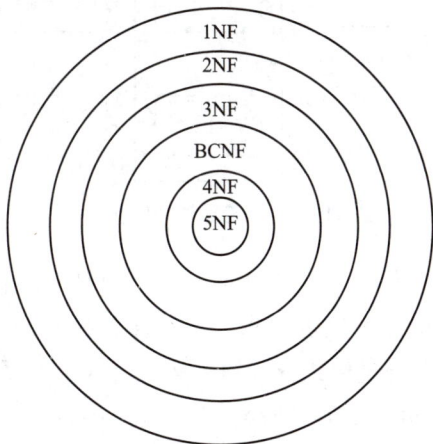

图 4.1 各种范式之间的联系

一个低一级范式的关系模式，通过**模式分解**可以转换为若干个高一级范式的关系模式的集合，这个过程就称为**规范化**。通过规范化，可以设计出更加合理、高效的数据库结构，有助于提高数据存储和检索的效率，减少数据更新异常和其他问题。

4.3.2 2NF

定义 4.6 若关系模式 $R \in 1NF$，且 R 中的每一个非主属性完全函数依赖码，则 $R \in 2NF$。

例如，学生关系模式 Student（Sno，Sname，Sex，Sage，Sdept）的主码是 Sno，包括学号、姓名、性别、年龄、系部字段，每一个非主属性（Sname，Ssex，Sage，Sdept）对码 Sno 都是完全函数依赖，因此 Student $\in$ 2NF。

又如，选课关系模式 SC（Sno，Cno，Grade）的主码是（Sno，Cno），包括学号、课程名、成绩字段，非主属性 Grade 对码（Sno，Cno）是完全函数依赖，因此 SC $\in$ 2NF。

【例 4.6】 有关系模式：员工项目表 EP（Eno，Pno，Ename，Paddr，StartDate），包括员工号、项目号、员工姓名、项目地点、开始日期字段，EP 的码为（Eno，Pno）。这个关系模式符合 1NF，因为每个分量都是不可再分的。

但关系模式 EP 仍存在数据冗余、操作异常的问题。例如，员工姓名、项目地点重复存储，存在大量冗余数据；当一个项目还没有员工参与时，不能插入数据库；若员工姓名录入错误，则需要修改多个元组；当删除某个项目信息时，参与项目的员工信息也会被全部删除；等等。对该关系模式 EP 进行分析，其中的函数依赖有

$$(\text{Eno}, \text{Pno}) \xrightarrow{F} \text{StartDate}$$

$$\text{Eno} \rightarrow \text{Ename}, (\text{Eno}, \text{Pno}) \xrightarrow{P} \text{Ename}$$

$$\text{Pno} \rightarrow \text{Paddr}, (\text{Eno}, \text{Pno}) \xrightarrow{P} \text{Paddr}$$

可以用函数依赖图来表示上述函数依赖，如图 4.2 所示，其中虚线表示部分函数依赖。

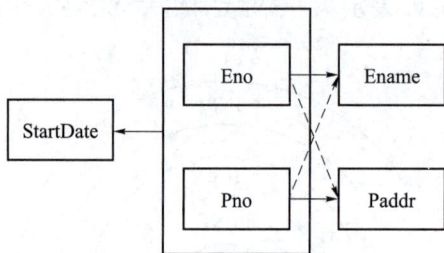

图 4.2　函数依赖示例

从图中可以看出，关系模式 EP 存在非主属性（这里是 Ename、Paddr）对码的部分函数依赖，因此，该关系模式不符合 2NF 的要求，仍存在数据冗余和操作异常的问题。为了减少这些问题带来的影响，需要通过模式分解的方法，将这个关系模式分解成 3 个关系模式：E(Eno，Ename)，P(Pno，Paddr)，EP(Eno，Pno，StartDate)。分解后得到的 3 个关系模式消除了非主属性对码的部分函数依赖，都属于 2NF。

4.3.3　3NF

定义 4.7　若关系模式 $R \in 2NF$，且 R 中的每一个非主属性都不传递函数依赖码，则 $R \in 3NF$。

例如，课程关系模式 Course(Cno，Cname，Cpno，Ccredit) 的主码是 Cno，包括课程号、课程名、选修课、学分字段，每一个非主属性（Cname，Cpno，Ccredit）对码 Cno 都是完全函数依赖，且没有传递函数依赖，因此 Course $\in$ 3NF。

又如，职工关系模式 Employee(Eno，Ename，Tel) 的主码是 Eno，包括职工号、姓名、电话号码字段，每一个非主属性（Ename，Tel）对码都是完全函数依赖，且没有传递函数依赖，因此 Employee $\in$ 3NF。

【例 4.7】　有关系模式：员工信息表 ED(Eno，Dname，Daddr)，包括员工号、部门名称、部门地址字段，ED 的码为 Eno。这个关系模式符合 1NF，因为每个分量都是不可再分的；也符合 2NF，因为不存在部分函数依赖。

但关系模式 ED 仍存在数据冗余、操作异常的问题。例如，若一个部门有多个员工，则部门地址要被重复存储；当一个部门刚成立，还没有员工时，不能将部门名称和部门地址信息插入数据库；若部门地址录入错误，则需要修改多个元组；当删除某些员工信息时，对应的部门名称和部门地址信息也会被全部删除；等等。对该关系模式 ED 进行分析，其中的函数依赖有

$$Eno \rightarrow Dname, Dname \rightarrow Daddr$$

$$Eno \xrightarrow{传递} Daddr$$

可以用函数依赖图来表示上述函数依赖，如图 4.3 所示。

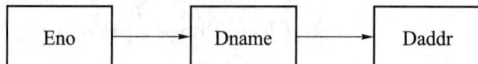

图 4.3　函数依赖示例

从图中可以看出，关系模式 ED 存在非主属性（这里是 Daddr）对码的传递函数依赖，因此，该关系模式不符合 3NF 的要求，仍存在数据冗余和操作异常的问题。为了减少这些问题带来的影响，需要通过模式分解的方法，将这个关系模式分解成两个关系：E(Eno，Dname)，D(Dname，Daddr)。分解后得到的两个关系模式消除了非主属性对码的传递函数依赖，都属于 3NF。

4.3.4　BCNF

定义 4.8　若关系模式 $R \in 3NF$，且 R 中的每一个决定因素都是码，则 $R \in BCNF$。

例如，学生课程排名关系模式 SCP(Sno，Cno，P)，包括学号、课程号、名次字段，每一个学生选修每门课程的成绩有一定的名次，每门课程中的每一名次只有一个学生（即没有并列名次）。

由语义可得到函数依赖：

$$(Sno, Cno) \rightarrow P, (Cno, P) \rightarrow Sno$$

（Sno，Cno）与（Cno，P）都可以作为候选码，因此，所有属性都是主属性。关系模式中没有非主属性对码的传递函数依赖或部分函数依赖，所以 $SCP \in 3NF$。此外，除了（Sno，Cno）与（Cno，P），没有其他决定因素，所以 $SCP \in BCNF$。

【例 4.8】　有关系模式：仓库管理关系表(仓库号，存储物品号，管理员号，数量)，满足一个管理员只在一个仓库工作，一个仓库可以存储多种物品。

则存在如下函数依赖：

$$(仓库号，存储物品号) \rightarrow (管理员号，数量)$$

$$(管理员号，存储物品号) \rightarrow (仓库号，数量)$$

因此，（仓库号，存储物品号）和（管理员号，存储物品号）都是仓库管理关系的候选码，关系中的唯一非主属性为数量，不存在非主属性对码的部分函数依赖和传递函数依赖，它符合 3NF，但存在以下决定关系：

$$仓库号 \rightarrow 管理员号$$

$$管理员号 \rightarrow 仓库号$$

也就是说，存在土属性对码的部分函数依赖，不符合 BCNF，仍存在数据冗余和操作异常的问题。把仓库管理关系模式分解成两个关系模式：仓库管理(仓库号，管理员号) 和仓库存储(仓库号，存储物品号，数量)。这样得到的两个关系模式都是符合 BCNF 的，减少了数据冗余，消除了插入异常、删除异常和修改复杂的问题。

4.3.5　多值依赖

在关系模式中，函数依赖不能表示属性值之间的一对多联系，这些属性之间有些虽然没有直接联系，但存在间接联系，把没有直接联系但间接联系的称为**多值依赖**。

在函数依赖中，X 与 Y 是否存在函数依赖关系，只需考虑 X、Y 的两组属性，与其他属性无关。而在多值依赖中，X 与 Y 是否存在多值依赖还需看属性 Z。

定义 4.9　设 $R(U)$ 是属性集 U 上的一个关系模式，X、Y、Z 是 U 的子集，并且 $Z =$

$U-X-Y$。关系模式 $R(U)$ 中**多值依赖** $X\rightarrow\rightarrow Y$ 成立，当且仅当对 $R(U)$ 的任一关系 r，给定的一对 (x, z) 值有一组 Y 的值，这组值仅仅决定于 x 值而与 z 值无关。

若 $X\rightarrow\rightarrow Y$，而 Z 为空集，则称 $X\rightarrow\rightarrow Y$ 为**平凡的多值依赖**；若 Z 不为空，则称其为**非平凡的多值依赖**。

多值依赖的性质有以下几个。

（1）对称性：使用上述定义的符号，若 $X\rightarrow\rightarrow Y$，则 $X\rightarrow\rightarrow Z$。

（2）实例 r 的 X 或 Z 每增、删一个值，r 就须同步增、删多条记录。

（3）若 $X\rightarrow Y$，则 $X\rightarrow\rightarrow Y$。因此，可把函数依赖看作多值依赖的特殊情况。

【例 4.9】有这样一个关系 WSC（W，S，C），包括仓库号、仓库管理员、库存产品号字段。假设一个产品只能放到一个仓库中，一个仓库可以有多个仓库管理员，那么对应于一个（仓库管理员，库存产品号）有一个仓库号，而实际上，这个仓库号只与库存产品号有关，与仓库管理员无关，就称这是多值依赖。

多值依赖的特点：

（1）允许 X 的一个值决定 Y 的一组值，这种决定关系与 Z 的取值无关；

（2）多值依赖是全模式的依赖关系。

多值依赖的缺点是数据冗余太大。

4.3.6　4NF

定义 4.10　设关系模式 $R(X,Y,Z)\in 1$NF，若对于 R 的每个非平凡的多值依赖 $X\rightarrow\rightarrow Y$，$X$ 都含有码，则称 $R\in 4$NF。

4NF 就是限制关系模式的属性之间不允许有非平凡且非函数依赖的多值依赖。4NF 所允许的非平凡的多值依赖实际上是函数依赖。因为函数依赖是多值依赖的特殊情况，所以这直观地说明了 4NF 比 BCNF 更强的原因。

显然，若关系模式属于 4NF，则它必属于 BCNF；而属于 BCNF 的关系模式不一定属于 4NF。

在例 4.9 的关系模式中，仓库号 $\rightarrow\rightarrow$ 仓库管理员，仓库号 $\rightarrow\rightarrow$ 库存产品号，它们都是非平凡的多值依赖。而仓库号不是码，因此 WSC $\in$ 4NF。

一个关系模式如果已经达到了 BCNF，但不是 4NF，这样的关系模式仍然具有不好的性质，如数据冗余度大、存在操作异常等问题。

可以用投影分解的方法把这个关系模式分解成 WS（W，S），WC（W，C），WS $\in$ 4NF，WC $\in$ 4NF。

如果只考虑函数依赖，则属于 BCNF 的关系模式的规范化程度是最高的；如果考虑多值依赖，则属于 4NF 的关系模式的规范化程度是最高的。除了函数依赖和多值依赖，还有一种数据依赖称为连接依赖，要在关系的连接运算中才能反映出来。

4.3.7　规范化小结

规范化理论的基本思想是逐步消除数据依赖中不合适的部分，使一个具体问题中的概念单一化，让一个关系只联系一个概念，从而解决更新复杂、删除异常、数据冗余及插入异常等问题。从 1NF 到 2NF、3NF、BCNF、4NF 是对于这一认识的逐步深化。数据库设计人员对具体问题设计的规范化程度直接影响数据库逻辑设计的成功与否，所以我们研究规范化理论对数据库的逻辑设计而言是非常有必要的。

关系模式规范化的基本步骤可以用图示来表示，如图 4.4 所示。

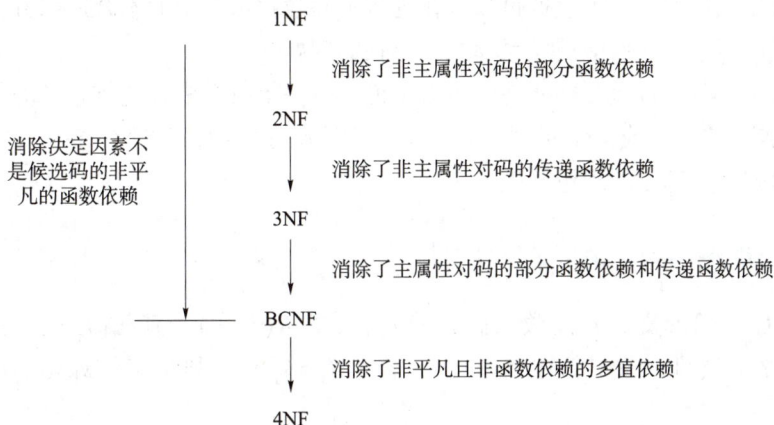

图 4.4　关系模式规范化的基本步骤

知识拓展　>>>

范式在云计算方面的应用对企业具有重要影响。

1. 成本优化

通过范式优化数据存储结构，企业能够减少云端存储的冗余数据，从而降低存储成本。规范化的数据结构使数据处理更加高效，减少了计算资源的消耗，进一步节约了企业在云计算服务上的支出。

2. 效率提升

范式帮助企业更快地检索、分析和处理数据，从而提高业务决策的效率和准确性。优化的数据模型能够加速数据迁移和备份的过程，降低企业在数据维护上的时间和人力成本。

3. 安全性增强

范式化的数据架构有助于企业制定更为严密的数据安全策略，降低数据泄露和非法访问的风险。通过标准化的数据访问控制和加密流程，企业可以确保数据的完整性和机密性，维护企业的商业利益和客户信任。

4. 业务灵活性增加

云计算的弹性扩展特性结合范式化的数据管理，使企业能够根据业务需求快速增、减计算资源，提高资源的利用率和业务的响应速度。

5. 数据整合与分析能力提升

企业可整合来自不同来源、不同格式的数据，为大数据分析提供便利。通过统一的数据结构，企业可以更加高效地利用云计算平台上的分析工具和服务，挖掘数据中的商业价值，支持企业的战略决策和创新活动。

4.4 数据依赖的公理系统

通过前面的学习，我们知道一个关系模式若存在一些问题，是因为它的属性组之间存在一些不好的数据依赖关系，可以通过规范化逐步消除数据依赖中的不合适部分，使关系模式达到某种范式的要求，从而解决关系模式中存在的问题。

那么，这个规范化过程怎样实现？也就是说，对一个关系模式进行怎样的模式分解，才能使它达到 3NF、BCNF 或 4NF 的要求？本节将学习函数依赖的公理系统——Armstrong 公理系统，它是模式分解算法的理论基础。

4.4.1 Armstrong 公理及其正确性

定义 4.11 对于满足一组函数依赖 F 的关系模式 $R(U, F)$，其任何一个关系 r，若函数依赖 $X \rightarrow Y$ 都成立（即 r 中任意两元组 t、s，若 $t[X] = s[X]$，则 $t[Y] = s[Y]$），则称 F **逻辑蕴涵** $X \rightarrow Y$。

1. Armstrong 公理系统及其推理规则

Armstrong 公理系统是一套推理规则，是模式分解算法的理论基础，可用于求给定关系模式的码，还可用于根据一组函数依赖求得蕴涵的函数依赖。

Armstrong 公理系统 设 U 为属性集总体，F 是 U 上的一组函数依赖，于是有关系模式 $R(U,F)$。对 $R(U,F)$ 来说有以下的推理规则。

（1）A1 自反律：若 $Y \subseteq X \subseteq U$，则 $X \rightarrow Y$ 为 F 所蕴涵。

（2）A2 增广律：若 $X \rightarrow Y$ 为 F 所蕴涵，且 $Z \subseteq U$，则 $XZ \rightarrow YZ$ 为 F 所蕴涵。

（3）A3 传递律：若 $X \rightarrow Y$ 及 $Y \rightarrow Z$ 为 F 所蕴涵，则 $X \rightarrow Z$ 为 F 所蕴涵。

注意：由自反律所得到的函数依赖均是平凡的函数依赖，自反律的使用并不依赖 F。

2. Armstrong 推理规则的正确性

定理 4.1 Armstrong 推理规则是正确的。

证明：

（1）A1 自反律：设 $Y \subseteq X \subseteq U$。

对于 $R(U, F)$ 的任一关系 r 中的任意两个元组 t、s：

若 $t[X] = s[X]$，由于 $Y \subseteq X$，有 $t[Y] = s[Y]$，所以 $X \rightarrow Y$ 成立，自反律得证。

（2）A2 增广律：设 $X \rightarrow Y$ 为 F 所蕴涵，且 $Z \subseteq U$。

对于 $R(U,F)$ 的任一关系 r 中任意的两个元组 t、s：

若 $t[XZ] = s[XZ]$，则有 $t[X] = s[X]$ 和 $t[Z] = s[Z]$；

由 $X \rightarrow Y$，于是有 $t[Y] = s[Y]$，所以 $t[YZ] = s[YZ]$，$XZ \rightarrow YZ$ 为 F 所蕴涵，增广律得证。

（3）A3 传递律：设 $X \rightarrow Y$ 及 $Y \rightarrow Z$ 为 F 所蕴涵。

对于 $R(U,F)$ 的任一关系 r 中任意的两个元组 t、s：

若 $t[X] = s[X]$，由于 $X \rightarrow Y$，所以有 $t[Y] = s[Y]$；

再由 $Y \rightarrow Z$，有 $t[Z] = s[Z]$，所以 $X \rightarrow Z$ 为 F 所蕴涵，传递律得证。

4.4.2　Armstrong 公理推论及闭包

根据 A1、A2、A3 这 3 条推理规则可以得到下面 3 条推理规则。

（1）合并规则：由 $X{\rightarrow}Y$，$X{\rightarrow}Z$，所以 $X{\rightarrow}YZ$。

（2）伪传递规则：由 $X{\rightarrow}Y$，$WY{\rightarrow}Z$，所以 $XW{\rightarrow}Z$。

（3）分解规则：由 $X{\rightarrow}Y$ 及 $Z{\subseteq}Y$，所以 $X{\rightarrow}Z$。

根据合并规则和分解规则，可得引理 4.1。

引理 4.1　$X{\rightarrow}A_1A_2{\cdots}A_k$ 成立的充分必要条件是 $X{\rightarrow}A_i$ 成立 $(i=1,2,{\cdots},k)$。

定义 4.12　在关系模式 $R(U,F)$ 中，为 F 所逻辑蕴涵的函数依赖的全体称为 F 的闭包，记为 F^+。

定义 4.13　设 F 为属性集 U 上的一组函数依赖，X、$Y{\subseteq}U$，$X_F^+=\{A\,|\,X{\rightarrow}A$ 能由 F 根据 Armstrong 公理导出$\}$，X_F^+ 称为属性集 X 关于函数依赖集 F 的闭包。

引理 4.2　设 F 为属性集 U 上的一组函数依赖，X、$Y{\subseteq}U$，$X{\rightarrow}Y$ 能由 F 根据 Armstrong 公理导出的充分必要条件是 $Y{\subseteq}X_F^+$。

引理 4.2 的用途：判定 $X{\rightarrow}Y$ 是否能由 F 根据 Armstrong 公理导出的问题，就转换为求出 X_F^+，判定 Y 是否为 X_F^+ 的子集的问题。

求闭包的算法如下。

算法 4.1　求属性集 X（$X{\subseteq}U$）关于 U 上的函数依赖集 F 的闭包 X_F^+。

输入：X、F。

输出：X_F^+。

步骤：

（1）令 $X^{(0)}=X$，$i=0$；

（2）求 B，这里 $B=\{A\,|\,(\exists V)(\exists W)(V{\rightarrow}W{\in}F{\land}V{\subseteq}X^{(i)}{\land}A{\in}W)\}$；

（3）$X^{(i+1)}=B{\cup}X^{(i)}$；

（4）判断 $X^{(i+1)}$ 是否等于 $X^{(i)}$；

（5）若 $X^{(i+1)}$ 与 $X^{(i)}$ 相等或 $X^{(i)}=U$，则 $X^{(i)}$ 就是 X_F^+，算法终止；

（6）若否，则 $i=i+1$，返回步骤（2）。

【例 4.10】　已知关系模式 $R(U,F)$，其中，$U=\{A$，B，C，D，$E\}$；$F=\{AB{\rightarrow}C$，$B{\rightarrow}D$，$C{\rightarrow}E$，$EC{\rightarrow}B$，$AC{\rightarrow}B\}$。求 $(AB)_F^+$。

解：由算法 4.1，

（1）设 $X^{(0)}=AB$。

（2）计算 $X^{(1)}$：逐一扫描 F 集合中的各个函数依赖，找出左部为 A、B 或 AB 的函数依赖，得到 $AB{\rightarrow}C$，$B{\rightarrow}D$，于是 $X^{(1)}=AB{\cup}CD=ABCD$。

（3）因为 $X^{(0)}{\neq}X^{(1)}$，所以再找出左部为 $ABCD$ 子集的那些函数依赖，又得到 $C{\rightarrow}E$，$AC{\rightarrow}B$，于是 $X^{(2)}=X^{(1)}{\cup}BE=ABCDE$。

（4）因为 $X^{(2)}$ 已等于全部属性集合，所以 $(AB)_F^+=ABCDE$。

4.4.3 Armstrong 公理的有效性和完备性

1. 有效性与完备性的含义

（1）有效性：由 F 根据 Armstrong 公理推导出来的每一个函数依赖一定在 F^+ 中。

（2）完备性：F^+ 中的每一个函数依赖，必定可以由 F 根据 Armstrong 公理推导出来。

2. 定理及证明

定理 4.2　Armstrong 公理系统是有效的、完备的。

证明：

（1）有效性：有效性实际上是"正确性"，可由定理 4.1 得证。

（2）完备性：只需证明逆否命题——若函数依赖 $X \rightarrow Y$ 不能由 F 根据 Armstrong 公理导出，那么它必然不为 F 所蕴涵，分为以下 3 步证明。

①若 $V \rightarrow W$ 成立，且 $V \subseteq X_F^+$，则 $W \subseteq X_F^+$。

证：因为 $V \subseteq X_F^+$，所以 $X \rightarrow V$ 成立；因为 $X \rightarrow V$，$V \rightarrow W$，于是 $X \rightarrow W$ 成立；所以 $W \subseteq X_F^+$。

②构造一个二元组关系 r，它仅有两个元组 t_1 和 t_2，其中 t_2 在全部属性上的取值均为 1，t_1 在 X_F^+ 属性上的取值均为 1，但在其他属性上的取值均为 0，可以证明 r 必是 $R(U,F)$ 的一个关系，即 F 中的全部函数依赖在 r 上成立。

$$
\begin{array}{ccc}
 & X_F^+ & U-X_F^+ \\
t_1 & 11\ldots\ldots1 & 00\ldots\ldots0 \\
t_2 & 11\ldots\ldots1 & 11\ldots\ldots1
\end{array}
$$

若 r 不是 $R(U,F)$ 的关系，则必是 F 中由某一个函数依赖 $V \rightarrow W$ 在 r 上不成立所致。由 r 的构成可知，V 必定是 X_F^+ 的子集，而 W 不是 X_F^+ 的子集，可是由步骤①，$W \subseteq X_F^+$，矛盾。因此，r 必是 $R(U,F)$ 的一个关系。

③若 $X \rightarrow Y$ 不能由 F 根据 Armstrong 公理导出，则 Y 不是 X_F^+ 的子集。因此，必有 Y 的子集 Y' 满足 $Y' \subseteq U-X_F^+$，则 $X \rightarrow Y$ 在 r 中不成立，即 $X \rightarrow Y$ 必不为 $R(U,F)$ 所蕴涵。

3. Armstrong 公理的完备性及有效性说明

（1）"导出"与"蕴涵"是两个完全等价的概念。

（2）F^+：为 F 所逻辑蕴涵的函数依赖的全体。

（3）F^+：可以说成由 F 根据 Armstrong 公理导出的函数依赖的集合

4.4.4 函数依赖集

1. 定义

定义 4.14　如果 $G^+ = F^+$，就说函数依赖集 F 覆盖 G（F 是 G 的覆盖，或者 G 是 F 的覆盖），或者 F 与 G 等价。

说明：两个函数依赖集等价是指它们的闭包等价。

2. 函数依赖集等价的充要条件

引理 4.3　$F^+ = G^+$ 的充分必要条件是 $F \subseteq G^+$ 和 $G \subseteq F^+$。

证明：必要性显然，只证充分性。引理 4.3 给出了判断两个函数依赖集等价的可行算法。

（1）若 $F \subseteq G^+$，则 $X_F^+ \subseteq X_{G^+}^+$。

（2）任取 $X \rightarrow Y \in F^+$，有 $Y \subseteq X_F^+ \subseteq X_{G^+}^+$，所以 $X \rightarrow Y \in (G^+)^+ = G^+$，即 $F^+ \subseteq G^+$。

（3）同理可证 $G^+ \subseteq F^+$，所以 $F^+ = G^+$。

如何判定 $F \subseteq G^+$？只需逐一对 F 中的函数依赖 $X \rightarrow Y$ 考察 Y 是否属于 $X_{G^+}^+$ 即可。

3. 最小覆盖

定义 4.15　如果函数依赖集 F 满足下列条件，则称 F 为一个极小函数依赖集，也称为最小依赖集或最小覆盖。

（1）F 中任一函数依赖的右部仅含有一个属性。

（2）F 中不存在这样的函数依赖 $X \rightarrow A$，使 F 与 $F - \{X \rightarrow A\}$ 等价。

（3）F 中不存在这样的函数依赖 $X \rightarrow A$，X 有真子集 Z，使 $F - \{X \rightarrow A\} \cup \{Z \rightarrow A\}$ 与 F 等价。

【例 4.11】　考察关系模式 $S(U, F)$，其中：

$U = \{\text{Sno}, \text{Sdept}, \text{Mname}, \text{Cno}, \text{Grade}\}$；

$F = \{\text{Sno} \rightarrow \text{Sdept}, \text{Sdept} \rightarrow \text{Mname}, (\text{Sno}, \text{Cno}) \rightarrow \text{Grade}\}$，$F$ 是最小覆盖；

$F' = \{\text{Sno} \rightarrow \text{Sdept}, \text{Sno} \rightarrow \text{Mname}, \text{Sdept} \rightarrow \text{Mname}, (\text{Sno}, \text{Cno}) \rightarrow \text{Grade}, (\text{Sno}, \text{Sdept}) \rightarrow \text{Sdept}\}$，$F'$ 不是最小覆盖。

因为 $F' - \{\text{Sno} \rightarrow \text{Mname}\}$ 与 F' 等价，所以 $F' - \{(\text{Sno}, \text{Sdept}) \rightarrow \text{Sdept}\}$ 也与 F' 等价

4. 最小依赖集

定理 4.3　每一个函数依赖集 F 均等价于一个极小函数依赖集 F_m，此 F_m 称为 F 的最小依赖集。

证明：构造性证明，分以下 3 步对 F 进行"极小化处理"，找出 F 的一个最小依赖集。

（1）逐一检查 F 中各函数依赖 FD_i：$X \rightarrow Y$，若 $Y = A_1 A_2 \cdots A_k$，$k \geq 2$，则用 $\{X \rightarrow A_j \mid j = 1, 2, \cdots, k\}$ 来取代 $X \rightarrow Y$，引理 4.1 保证了 F 变换前、后的等价性。

（2）逐一检查 F 中各函数依赖 FD_i：$X \rightarrow A$，令 $G = F - \{X \rightarrow A\}$，若 $A \in X_G^+$，则从 F 中去掉此函数依赖。因为 F 与 G 等价的充要条件是 $A \in X_G^+$，所以 F 变换前、后是等价的。

（3）逐一取出 F 中各函数依赖 FD_i：$X \rightarrow A$，设 $X = B_1 B_2 \cdots B_m$，$m \geq 2$，逐一考查 B_i（$i = 1, 2, \cdots, m$），若 $A \in (X - B_i)_F^+$，则以 $X - B_i$ 取代 X。因为 F 与 $F - \{X \rightarrow A\} \cup \{Z \rightarrow A\}$ 等价的充要条件是 $A \in Z_F^+$，其中 $Z = X - B_i$，所以 F 变换前、后是等价的。最后剩下的 F 就一定是最小依赖集。因为对 F 的每一次"改造"都保证了改造前、后的两个函数依赖集等价，所以剩下的 F 与原来的 F 等价。证毕。

说明：定理 4.3 的证明过程是求 F 最小依赖集的过程，也是检验 F 是否为最小依赖集的一个算法。若改造后的 F 与原来的 F 相同，则说明 F 就是一个最小依赖集。

【例 4.12】　$F = \{A \rightarrow B, B \rightarrow A, B \rightarrow C, A \rightarrow C, C \rightarrow A\}$，$F$ 的最小依赖集 $F_{m1} = \{A \rightarrow B, B \rightarrow C, C \rightarrow A\}$。

说明：F 的最小依赖集 F_m 不一定是唯一的，它与各函数依赖 FD_i 及 $X \rightarrow A$ 中 X 各属性的处置顺序有关。

例如：以下 F_{m2} 也是 F 的最小依赖集，$F_{m2} = \{A \rightarrow B, B \rightarrow A, A \rightarrow C, C \rightarrow A\}$。

注意：在 $R(U, F)$ 中，可以用与 F 等价的依赖集 G 来取代 F，因为对于两个关系模式 R_1

(U,F)和$R_2(U,G)$，如果F与G等价，那么R_1的关系一定是R_2的关系；反过来，R_2的关系也一定是R_1的关系。

知识拓展 >>>

Armstrong 公理系统虽然为数据库设计和管理提供了强大的理论基础，但它也存在一些缺点和局限性。

1. 计算复杂性

数据依赖的公理系统在处理复杂的数据关系时可能面临计算上的挑战。例如，在求解一个函数依赖是否属于由给定函数依赖集根据 Armstrong 公理推得的函数依赖集时，可能需要解决一个非确定性多项式（Non-deterministic Polynomial，NP）完全问题，这在实际应用中可能导致计算效率低下。

2. 理论抽象性

公理系统提供了一套理论上的推理规则，但这些规则对于非专业人士来说可能较难理解和掌握。此外，将这些理论规则应用到实际数据库设计中需要一定的经验和技巧。

3. 可能引发过度规范化

过分依赖数据依赖的公理系统可能导致数据库设计得过度规范化。虽然规范化有助于消除数据冗余和提高数据一致性，但过度规范化可能导致查询性能下降和数据处理复杂化。

4. 不涵盖所有情况

公理系统虽然强大，但并不能涵盖数据库设计中的所有情况和问题。例如，在某些特定场景下，可能需要额外的规则或方法来处理数据依赖关系。

5. 实际应用中的限制

在实际应用中，数据依赖的公理系统可能受到 DBMS 的限制。不同的 DBMS 可能对函数依赖的支持程度不同，这会影响公理系统在实际应用中的效果。

4.5 模式的分解

4.5.1 模式分解的 3 个定义

在关系规范化过程中，把一个低一级的关系模式分解为若干个高一级的关系模式，有很多种分解方法，但只有能够保证分解后的关系模式与原关系模式等价的方法才是有意义的。从不同的角度去观察问题，对"等价"的概念形成了以下 3 种不同的定义：

（1）分解具有无损连接性；

（2）分解要保持函数依赖；

（3）分解既要保持函数依赖，又要具有无损连接性。

定义 4.16　关系模式 $R(U,F)$ 的一个分解 $\rho = \{R_1(U_1,F_1), R_2(U_2,F_2), \cdots, R_n(U_n,F_n)\}$，其中 $U = \bigcup_{i=1}^{n} U_i$，并且不存在 $U_i \subseteq U_j$，F_i 为 F 在 U_i 上的投影。

定义 4.17　函数依赖集合 $\{X \to Y \mid X \to Y \in F^+ \wedge XY \subseteq U_i\}$ 的一个覆盖，F_i 称为 F 在属性 U_i 上的投影。

【例 4.13】　已知关系模式 $R(U,F)$，$U = \{\text{Sno}, \text{Sdept}, \text{Mname}\}$，$F = \{\text{Sno} \to \text{Sdept}, \text{Sdept} \to \text{Mname}\}$。其中，Sno 是学生的学号；Sdept 是所在院系；Mname 是系主任；并且一个学生只在一个系学习，一个系只有一个系主任。满足 R 的一个关系示例如表 4.2 所示。

表 4.2　满足 R 的一个关系示例

Sno	Sdept	Mname
S1	D1	李明
S2	D2	王飞
S3	D2	王飞
S4	D3	丁砾

关系 R 的码是 Sno，不存在部分函数依赖，但存在传递函数依赖，所以 $R \in 2\text{NF}$，存在插入异常、删除异常、数据冗余和修改复杂等问题，分解方法可以有多种。

1. 模式分解方法一

R 分解为下面 3 个关系模式：$R_1(\text{Sno}, \phi), R_2(\text{Sdept}, \phi), R_3(\text{Mname}, \phi)$。

分解后的关系如表 4.3 所示。

表 4.3　分解后的关系

Sno		Sdept		Mname
S1		D1		李明
S2		D2		王飞
S3		D2		王飞
S4		D3		丁砾

分解后的数据库不能通过连接运算得到 R。连接之后，得到的是 3 个关系的笛卡儿积，元组增加了，信息丢失了。例如，无法查询 S1 学生所在系或系主任的姓名。如果分解后的关系可以通过自然连接恢复为原来的关系，那么这种分解就没有丢失信息。

2. 模式分解方法二

R 分解为下面两个关系模式：$R_1(\{\text{Sno}, \text{Sdept}\}, \{\text{Sno} \to \text{Sdept}\})$，$R_2(\{\text{Sno}, \text{Mname}\}, \{\text{Sno} \to \text{Mname}\})$。

R 可以通过自然连接得到，因此没有丢失信息，是具有无损连接性的模式分解。

定义 4.18　关系模式 $R(U,F)$ 的一个分解 $\rho = \{R_1(U_1,F_1), R_2(U_2,F_2), \cdots, R_n(U_n,F_n)\}$，若 R 与 $R_1, R_2, \cdots, R_n$ 自然连接的结果相等，则称关系模式 R 的这个分解 ρ 具有无损连接性。

具有无损连接性的分解能保证不丢失信息。无损连接性不一定能解决插入异常、删除异常、修改复杂、数据冗余等问题，原因是这种分解方法没有保持原关系中的函数依赖。例如，R 中的函数依赖 Sdept→Mname 没有投影到关系模式 R_1、R_2 上。

3. 模式分解方法三

将 R 分解为下面两个关系模式：$R_1(\{Sno, Sdept\}, \{Sno→Sdept\})$，$R_2(\{Sdept, Mname\}, \{Sdept→Mname\})$。

R 可以通过 R_1 与 R_2 连接得到，因此没有丢失信息，具有无损连接性。这种分解同时保持了函数依赖，解决了插入异常、删除异常、修改复杂、数据冗余等问题，因此是保持函数依赖的模式分解。

定义 4.19 设关系模式 $R(U, F)$ 被分解为若干个关系模式 $R_1(U_1, F_1), R_2(U_2, F_2), \cdots, R_n(U_n, F_n)$，其中，$U = \bigcup_{i=1}^{n} U_i$；并且不存在 $U_i \subseteq U_j$；F_i 为 F 在 U_i 上的投影。若 F 所逻辑蕴涵的函数依赖一定也由分解得到的某个关系模式中的函数依赖 F_i 所逻辑蕴涵，则称关系模式 R 的这个分解是保持函数依赖的分解。

如果一个分解具有无损连接性，则它能够保证不丢失信息。如果一个分解保持了函数依赖，则它可以减少或解决各种异常情况。分解具有无损连接性和分解保持函数依赖是两个互相独立的标准。具有无损连接性的分解不一定能够保持函数依赖。同样，保持函数依赖的分解也不一定具有无损连接性。由此，可以看出为什么要提出对数据库模式"等价"的 3 个不同定义。

上述的第一种模式分解方法既不具有无损连接性，也未保持函数依赖，它不是原关系模式的一个等价；第二种模式分解方法具有无损连接性，但未保持函数依赖；第三种模式分解方法既具有无损连接性，又保持了函数依赖。

4.5.2 无损连接性及其判别

算法 4.2 判别一个分解的无损连接性。

$\rho = \{R_1(U_1, F_1), R_2(U_2, F_2), \cdots, R_k(U_k, F_k)\}$ 是 $R(U, F)$ 的一个分解，$U = \{A_1, A_2, \cdots, A_n\}$，$F = \{FD_1, FD_2, \cdots, FD_p\}$，不妨设 F 是一个最小依赖集，$FD_i = X_i → A_{li}$。

（1）建立一个 n 列 k 行的表，每列对应一个属性，每行对应分解中的一个关系模式。若 A_j 属于 U_i，则在 j 列 i 行处填上 a_j，否则填上 b_{ij}。

（2）对每一个 FD_i 做下列操作：找到 X_i 所对应的列中具有相同符号的那些行，考察这些行中的 li 列，若其中有 a_{li}，则全部改为 a_{li}，否则全部改为 b_{mli}（m 是这些行的行号最小值）。应当注意的是，若某个 b_{tli} 被改动，那么该表的 li 列中凡是 b_{tli} 均应被改动。

如在某次更改后，有一行成为 $a_1, a_2, \cdots a_n$，则算法终止，ρ 具有无损连接性，否则 ρ 不具有无损连接性。

（3）比较扫描前、后，表有无变化。如果有变化，则返回步骤（2），否则算法终止。

算法终止性：如果算法不终止，则每次扫描至少使该表减少一个符号，表中符号有限，因此算法必然终止。

定理 4.4 ρ 为无损连接分解的充分必要条件是算法 4.2 终止时，表中有一行为 a_1，

$a_2, \cdots, a_n$。

【例 4.14】 已知 $R(U,F)$，$U = \{A,B,C,D,E\}$，$F = \{AB \rightarrow C, C \rightarrow D, D \rightarrow E\}$，$R$ 的一个分解为 $R_1(A,B,C)$，$R_2(C,D)$，$R_3(D,E)$。

（1）首先构造初始表，如表 4.4 所示。

表 4.4　初始表

分解	属性				
	A	B	C	D	E
$R_1(ABC)$	a_1	a_2	a_3	b_{14}	b_{15}
$R_2(CD)$	b_{21}	b_{22}	a_3	a_4	b_{25}
$R_3(DE)$	b_{31}	b_{32}	b_{33}	a_4	a_5

（2）考察每一个 FD_i。

对 $AB \rightarrow C$，由于第 1、2 列无相同的，所以不改变。

对 $C \rightarrow D$，第 3 列第 1、2 行相同，将 b_{14} 改为 a_4，如表 4.5 所示。

表 4.5　b_{14} 改为 a_4 后

分解	属性				
	A	B	C	D	E
$R_1(ABC)$	a_1	a_2	a_3	a_4	b_{15}
$R_2(CD)$	b_{21}	b_{22}	a_3	a_4	b_{25}
$R_3(DE)$	b_{31}	b_{32}	b_{33}	a_4	a_5

对 $D \rightarrow E$，第 4 列相同，第 5 列全改为 a_5，如表 4.6 所示。

表 4.6　第 5 列全改为 a_5 后

分解	属性				
	A	B	C	D	E
$R_1(ABC)$	a_1	a_2	a_3	u_4	a_5
$R_2(CD)$	b_{21}	b_{22}	a_3	a_4	a_5
$R_3(DE)$	b_{31}	b_{32}	b_{33}	a_4	a_5

表中第一行成为 a_1，a_2，a_3，a_4，a_5，因此分解具有无损连接性。

当关系模式 R 被分解为两个关系模式 R_1，R_2 时，有下面的判定准则。

定理 4.5 $R(U,F)$ 的一个分解 $\rho = \{R_1(U_1,F_1), R_2(<U_2,F_2)\}$ 具有无损连接性的充分必要条件是：$U_1 \cap U_2 \rightarrow U_1 - U_2$ 或 $U_1 \cap U_2 \rightarrow U_2 - U_1$ 属于 F^+。

【例 4.15】 现有关系模式 $R(A,B,C)$，其上的函数依赖集为 $F = \{A \rightarrow B, C \rightarrow B\}$，分别判断如下分解 $\rho_1 = \{AB, AC\}$ 和 $\rho_2 = \{AB, BC\}$ 是否具有无损连接性。

解： 对 ρ_1 来说，$U_1 \cap U_2 = \{A\}$，$U_1 - U_2 = \{B\}$，$U_2 - U_1 = \{C\}$；而 F 中有 $A \rightarrow B$，满足 $U_1 \cap U_2 \rightarrow U_1 - U_2$，故具有无损连接性。

对 ρ_2 来说，$U_1 \cap U_2 = \{B\}$，$U_1 - U_2 = \{A\}$，$U_2 - U_1 = \{C\}$；而 F^+ 中无 $B \rightarrow A$ 或 $B \rightarrow C$，故不具有无损连接性。

定义 4.20 若 $F^+ = (U = \bigcup\limits_{i=1}^{n} U_i)^+$，则 $R(U, F)$ 的分解 $\rho = \{R_1(U_1, F_1), R_2(U_2, F_2), \cdots, R_n(U_n, F_n)\}$ 保持函数依赖。

引理 4.3 给出了判断两个函数依赖集等价的可行算法，因此引理 4.3 也给出了判断 R 的分解 ρ 是否保持函数依赖的方法。

在实际应用中，关于模式分解的具体算法仅仅具有理论上的意义，已经超出了本书的范围，在此不再介绍，大家可以参考相关的书籍。

知识拓展 >>>

数据库模式分解是指将一个大型数据库模式分解为多个较小的、更易于管理和维护的子模式的过程。

1. 分解方法

（1）垂直切分：按功能划分，将不同功能相关的表放到不同的数据库中。这种方法非常直观，可以根据业务功能将数据库切分成多个子库，每个子库负责不同的业务功能。

（2）水平切分：按表中某一字段值的范围划分。当某张表的数据量过大时，可以根据某一字段的值将数据水平切分到不同的数据库或表中。例如，根据用户 ID 的范围将数据切分到不同的数据库或表中。

（3）基于哈希的切分：通过哈希算法将数据均匀分布到不同的数据库或表中。这种方法可以保证数据的均匀分布，但扩展时可能需要重新计算哈希值。

（4）基于路由表的切分：通过维护一张路由表来决定数据应该存储在哪个数据库中。这种方法更加灵活，但可能会引入额外的单点故障。

2. 注意事项

在进行模式分解时，需要充分考虑业务需求和系统性能要求，以确保分解后的数据库能够满足实际需求。在分解后需要对新的数据库结构进行充分的测试和优化，以确保其性能和稳定性达能够到预期要求。

4.6 小结

本章从一个例子出发，引出了关系模式进行规范化的必要性。本章对函数依赖和码的概念进行了定义，函数依赖又包括完全函数依赖、部分函数依赖和传递函数依赖，这些概念是规范化理论的依据和规范化程度的准则。规范化的过程就是对原有关系模型进行投影分解，消除决定因素不是候选码的任何函数依赖。一个关系只要其分量都是不可分的数据项，就可称作规范化的关系，也称作 1NF。消除 1NF 关系中**非主属性**对码的部分函数依赖，就得到 2NF；消除 2NF 关系中**非主属性**对码的传递函数依赖，就得到 3NF；消除 3NF 关系中**主属性**对码的部分函数依赖和传递函数依赖，便可得到一组 BCNF 关系。在规范化过程中，可逐渐消除存储异常，使数据冗余度尽量小，便于插入、删除和更新。规范化的基本原则就是遵循概念单一化"一事一地"的原则，即一个关系只描述一个实体或实体间的联系。

规范化的投影分解方法不是唯一的，对于 3NF 的规范化，分解既要具有无损连接性，又要保持函数依赖。

若要求分解具有无损连接性，那么模式分解一定能够达到 4NF。

若要求分解保持函数依赖，那么模式分解一定能够达到 3NF，但不一定能够达到 BCNF。

若分解既具有无损连接性，又保持函数依赖，那么模式分解一定能够达到 3NF，但不一定能够达到 BCNF。

规范化理论为数据库设计提供理论的指南和工具，但仅仅是指南和工具，并不是规范化程度越高，模式就越好。必须结合应用环境和现实世界的具体情况合理地选择数据库模式。

拓展阅读

1. 刘文远，郝忠孝. 基于逆向超图的关系规范化综合算法 [J]. 小型微型计算机系统，1999（11）：828-831.

2. 尹诗宁，张安珍，夏秀峰. 基于相关性分析的不完整数据函数依赖挖掘方法 [J]. 计算机应用研究，2024，41（05）：1368-1373.

3. 李杰，曹建军，王保卫，等. 基于图常量条件函数依赖的图修复规则发现 [J]. 计算机技术与发展，2024，34（04）：7-15.

4. 夏秀峰，刘朝辉，张安珍. 基于马尔科夫毯的近似函数依赖挖掘算法 [J]. 沈阳航空航天大学学报，2023，40（04）：8-18.

5. 安秋生，张文修. RRDB 与 FRDB 关系的系统研究 [J]. 计算机工程与应用，2007（06）：1-3+16.

6. 郭思培，彭智勇. 数据库规范化理论研究 [J]. 武汉大学学报（理学版），2011，57（06）：535-544.

习　题

一、单项选择题

1. 规范化理论是关系数据库进行逻辑设计的理论依据，根据这个理论，关系数据库中的关系必须满足：每一个属性都是（　　）。

A. 不可分解的　　　　　　　　　　B. 长度不变的

C. 互相关联的　　　　　　　　　　D. 互不相关的

2. 已知关系模式 $R(A,B,C,D,E)$ 及其上的函数依赖集 $F=\{A{\rightarrow}D,B{\rightarrow}C,E{\rightarrow}A\}$，该关系模式的候选码是（　　）。

A. AB　　　　　　B. BE　　　　　　C. CD　　　　　　D. DE

3. 关系模式中，满足 2NF 的模式（　　）。

A. 可能是 1NF　　B. 必定是 BCNF　　C. 必定是 3NF　　D. 必定是 1NF

4. 若关系模式 R 中的属性全是主属性，则 R 的最高范式必定是 （　　）。

A. 1NF　　　　　　B. 2NF　　　　　　C. 3NF　　　　　　D. BCNF

5. 消除了部分函数依赖的 1NF 关系模式必定是 （　　）。

A. 1NF　　　　　　B. 2NF　　　　　　C. 3NF　　　　　　D. BCNF

6. 关系模式的候选码可以有 1 个或多个，而主码有 （　　）。

A. 多个　　　　　　B. 0 个　　　　　　C. 1 个　　　　　　D. 1 个或多个

7. 候选码的属性可以有 （　　）。

A. 多个　　　　　　B. 0 个　　　　　　C. 1 个　　　　　　D. 1 个或多个

8. 设 U 是所有属性的集合，X、Y、Z 都是 U 的子集，且 $Z=U-X-Y$。下面关于多值依赖的叙述中，不正确的是 （　　）。

A. 若 $X \longrightarrow\!\!\!\!\rightarrow Y$，则 $X \longrightarrow\!\!\!\!\rightarrow Z$　　　　　　B. 若 $X \rightarrow Y$，则 $X \longrightarrow\!\!\!\!\rightarrow Y$

C. 若 $X \longrightarrow\!\!\!\!\rightarrow Y$，且 $Y' \subseteq Y$，则 $X \longrightarrow\!\!\!\!\rightarrow Y'$　　D. 若 $Z=\Phi$，则 $X \longrightarrow\!\!\!\!\rightarrow Y$

9. 关系数据库规范化是为了解决关系数据库中 （　　） 的问题而引入的。

A. 提高查询速度　　　　　　　　　　B. 插入、删除异常和数据冗余

C. 保证数据的安全性　　　　　　　　D. 保证数据的完整性

10. 有学生表(id,name,sex,age,depart_id,depart_name)，存在的函数依赖是 id→{name,sex,age,depart_id} 和 depart_id→depart_name，其满足 （　　）。

A. 2NF　　　　　　B. 4NF　　　　　　C. 3NF　　　　　　D. BCNF

11. 设有关系模式 $R(S,D,M)$，其函数依赖集 $F=\{S \rightarrow D, D \rightarrow M\}$，则关系模式 R 的规范化程度最高可以达到 （　　）。

A. 1NF　　　　　　B. 2NF　　　　　　C. 3NF　　　　　　D. BCNF

12. 设有关系模式 $R(A,B,C,D)$，其数据依赖集 $F=\{(A,B) \rightarrow C, C \rightarrow D\}$，则关系模式 R 的规范化程度最高所以达到 （　　）。

A. 2NF　　　　　　B. 3NF　　　　　　C. 4NF　　　　　　D. BCNF

13. $X \rightarrow Y$，当下列哪一条成立时，称为平凡的函数依赖 （　　）。

A. $X \subseteq Y$　　　　B. $Y \subseteq X$　　　　C. $X \cap Y = \Phi$　　　　D. $X \cap Y \neq \Phi$

二、填空题

1. 已知关系模式 $R(ABCD, \{B \rightarrow D, AB \rightarrow C\})$，此关系模式 R 的码是_____，R 属于_____。

2. 已知关系模式及其函数依赖 $R(ABCD, \{A \rightarrow B, A \rightarrow C, D \rightarrow A\})$，此关系模式 R 的码是_____，R 属于_____。

3. 已知关系模式及其函数依赖 $R(ABCD, \{BCD \rightarrow A, A \rightarrow C\})$，此关系模式 R 的候选码是_____，R 属于_____。

三、判断题

1. 任何一个二目关系是属于 2NF 的。　　　　　　　　　　　　　　（　　）

2. 任何一个二目关系是属于 3NF 的。　　　　　　　　　　　　　　（　　）

3. 任何一个二目关系是属于 BCNF 的。　　　　　　　　　　　　　（　　）

4. 任何一个二目关系是属于 4NF 的。　　　　　　　　　　　　　　（　　）

5. 关系模式 $R(A,B,C)$ 中，若 $A \rightarrow B$，$B \rightarrow C$，则 $A \rightarrow C$。　　（　　）

6. 关系模式 $R(A,B,C)$ 中，若 $A{\rightarrow}B$，$A{\rightarrow}C$，则 $A{\rightarrow}BC$。 （ ）

7. 关系模式 $R(A,B,C)$ 中，若 $B{\rightarrow}A$，$C{\rightarrow}A$，则 $BC{\rightarrow}A$。 （ ）

8. 关系模式 $R(A,B,C)$ 中，若 $BC{\rightarrow}A$，则 $B{\rightarrow}A$，$C{\rightarrow}A$。 （ ）

四、分析题

现有以下关系模式：Teacher(Tno，Tname，Tel，Department，Bno，Bname，BorrowDate，RDate，Backup)。

各属性含义如下：Tno 表示教师编号；Tname 表示教师姓名；Tel 表示电话号码，Department 表示所在部门；Bno 表示借阅图书编号；Bname 表示书名；BorrowDate 表示借书日期；RDate 表示还书日期；Backup 表示备注。该关系模式的属性之间具有通常的语义，例如，教师编号函数决定教师姓名，即教师编号是唯一的，等等。

1. 教师编号是候选码吗？

2. 说明上一题判断的理由是什么。

3. 写出该关系模式的主码。

4. 该关系模式中是否存在部分函数依赖？如果存在，请写出其中两个。

5. 若要将一个 1NF 的关系模式转换为若干个 2NF 关系，需要如何做？

6. 判断该关系模式最高满足第几范式，并说明理由。

7. 将该关系模式分解为 3NF。

习题答案

【章前引言】

数据库设计是信息系统开发的核心环节，它关乎数据的组织、存储和检索效率。本章我们将全面探讨数据库设计的基本概念、需求分析、概念结构设计、逻辑结构设计、物理结构设计及数据库的实施和维护。在此过程中，我们可能会面临如何准确捕捉用户需求、如何优化数据结构等挑战。通过学习本章，我们将深入理解数据库设计的全流程，培养系统思维、用户导向和持续优化的专业素养。

第 5 章

数据库设计

【学习目标】

（1）能够分析现实世界中的问题，将问题抽象成实体、关系和属性，形成概念结构设计的基本框架。

（2）根据概念结构设计的结果，进行逻辑结构设计，形成数据库的逻辑结构模型。

（3）能够完成一个实际的数据库设计项目，能够应用所学的概念和方法进行数据库设计实践，包括需求分析、概念结构设计、逻辑结构设计等。

【学习难点】

（1）数据库设计涉及多个阶段，包括需求分析、概念结构设计、逻辑结构设计、物理结构设计等，需要掌握多种概念和技能。

（2）概念结构设计和逻辑结构设计阶段涉及实体、关系模型等抽象概念，可能需要花费一定的时间和精力来理解和运用这些概念。

（3）学习数据库设计不仅仅是学习理论知识，还需要具备实际操作的能力，包括使用数据库设计工具、编写 SQL 语句等能力。

【素养目标】

（1）通过需求分析阶段的学习，培养对用户需求的理解和分析能力，以便设计出满足实际需求的数据库系统。

（2）通过对概念结构设计和逻辑结构设计的学习，培养对实体、关系、约束条件等抽象概念的建模能力，以便设计出合理的数据库结构。

（3）通过对数据库的实施和维护的学习，培养使用数据库设计工具、编写 SQL 语句等实际操作能力，以便能够独立完成数据库系统的建立和维护工作。

5.1　数据库设计的基本概念

数据库设计是指根据特定的需求和目标，创建一个能够有效存储和管理数据的数据库结构的过程。在数据库设计中，需要考虑数据的组织方式、数据之间的关系、数据的完整性、性能需求等方面。数据库设计的主要目标是确保数据库能够高效地存储和检索数据，同时保证数据的一致性、完整性和安全性。数据库设计通常包括需求分析、概念结构设计、逻辑结构设计、物理结构设计和数据库的实施和维护等阶段，通过这些阶段的设计工作，最终形成一个满足用户需求且能够高效运行的数据库系统。

5.1.1　数据库设计的过程

数据库设计通常包括以下几个阶段。

1. 需求分析阶段

在需求分析阶段，需要与用户和利益相关方一起确定数据库系统的需求，包括数据存储和管理的需求、数据的完整性和一致性要求、系统的性能需求等。需求分析的结果将成为后续设计工作的基础。

2. 概念结构设计阶段

在概念结构设计阶段，需要将需求分析的结果转换为概念模型，通常使用 E-R 图等工具来表示数据之间的关系，以及实体之间的属性。概念结构设计阶段的目标是建立一个概念模型，描述数据的实体、关系和属性之间的关联。

3. 逻辑结构设计阶段

在逻辑结构设计阶段，需要将概念模型转换为数据库管理系统（DBMS）可以直接实现的数据库模式。通常采用 E-R 图来绘制数据库模式，定义表的结构、属性和关系，以及数据之间的约束条件。

4. 物理结构设计阶段

在物理结构设计阶段，需要考虑数据库的物理存储结构，包括数据的存储方式、索引的建立、数据分区等。物理结构设计需要考虑到 DBMS 的特性和性能需求，以保证数据库能够高效地存储和检索数据。

5. 数据库的实施和维护阶段

在数据库的实施和维护阶段，需要按照设计的结果创建数据库表、定义索引、设置约束条件等，最终将数据库设计变成现实的数据库系统。数据库的维护是指数据库在使用过程中的日常管理、监控、优化和修复等一系列活动。

以上是通常的数据库设计的基本步骤，不同的项目可能会有所不同，但这些步骤通常是数据库设计过程中的关键环节。

5.1.2　数据库设计的原则

数据库设计的原则是为了确保数据库系统能够高效地存储和管理数据，同时保证数据的一致性、完整性和安全性。以下是数据库设计的一些基本原则。

1. 数据的完整性

数据的完整性是指确保数据库中的数据是准确、完整和一致的。这包括定义适当的数据约束条件，如主码、外码、唯一约束、非空约束等，以及使用触发器或存储过程来保证数据的完整性。

2. 数据冗余的最小化

数据冗余的最小化是指尽量减少数据的冗余存储，避免在数据库中存储重复的数据。冗余数据会增加数据存储的需求，同时会增加数据更新时的复杂度。

3. 数据的一致性

数据的一致性是指确保数据库中的数据是一致的，不会出现数据矛盾或不一致的情况。通过合适的数据约束和关系设计来保证数据的一致性。

4. 数据存取的高效性

数据存取的高效性是指设计数据库结构和索引以提高数据的检索和存取效率。合理地设计表结构、建立索引、进行数据分区等方式可以提高数据库的性能。

5. 数据的安全性

数据的安全性是指确保数据库中的数据不受未经授权的访问、修改或破坏。采取合适的安全措施，如访问控制、加密、备份和恢复等，以保证数据库中的数据安全。

6. 可扩展性

设计数据库结构时要考虑到系统的可扩展性，以便在系统需求变化时能够方便地扩展和修改数据库结构。

这些原则是数据库设计的基本指导原则，通过遵循这些原则，可以设计出高效、可靠和安全的数据库系统。

知识拓展 >>>

为了确保数据库具有可扩展性，可以采用以下策略。

1. 预留字段

在表设计初期，预留一些命名通用的备用字段，如 field1、field2 等。当业务需要增加新字段时，可以直接使用这些备用字段，避免修改表结构。这种方法适用于需求变化较小、对表结构影响较小的场景。

2. 使用 JSON 字段

JSON 支持内嵌文档格式，可在一个字段存储更多结构化信息。当需要新增属性时，直接在 JSON 字段加入新属性即可，不影响旧数据。这种方法适用于需要存储结构化扩展信息的场景，如产品详情、用户配置等。

3. 数据库分片

将数据水平拆分到多个数据库或表中，以提高系统的吞吐量和可用性。每个分片可以独立扩展，从而支持更大的数据量和更高的并发访问。

4. 读写分离

通过主从复制等技术，将读请求和写请求分散到不同的数据库服务器上。这样可以提高系统的吞吐量，同时确保数据的完整性和一致性。

5. 使用可扩展的数据库架构

选择支持水平扩展的数据库系统，如分布式数据库。这些系统通常具有自动分片、数据冗余和容错等特性，能够轻松应对数据量的增长和访问量的增加。

5.2　需求分析

需求分析是软件工程中的一个重要阶段，它的主要任务是确定用户和其他利益相关方对系统的需求和期望，以便为系统的设计和实施提供指导。需求分析的主要任务、方法和数据字典如下。

1. 需求分析的主要任务

（1）收集需求：与用户和利益相关方沟通，了解他们的需求和期望，收集相关信息。

（2）分析需求：对收集到的需求进行分析、整理和归纳，确保需求的完整性、一致性和可行性。

（3）规格说明：将分析出的需求编写成需求规格说明书，明确系统的功能、性能、界面、数据等方面的需求。需求规格说明书样例如图 5.1 所示。

需求规格说明书样例

1. 项目概述
本项目旨在设计一个学生信息管理系统，用于记录学生的基本信息、课程成绩和课程安排等相关信息。
2. 功能需求
2.1 学生信息管理
–记录学生的基本信息，包括姓名、学号、性别、年龄、联系方式等；
–实现学生信息的增加、删除、修改和查询功能；
–提供学生信息的统计和报表功能。
2.2 课程成绩管理
–记录学生的课程成绩信息，包括课程名称、成绩、学分等；
–实现课程成绩信息的增加、删除、修改和查询功能；
–提供课程成绩的统计和报表功能。
2.3 课程安排管理
–记录学生的课程安排信息，包括课程名称、上课时间、上课地点等；
–实现课程安排信息的增加、删除、修改和查询功能；
–提供课程安排的统计和报表功能。
3. 数据库设计
3.1 学生信息表
–字段：学号、姓名、性别、年龄、联系方式
–主码：学号
3.2 课程成绩表
–字段：学号、课程名称、成绩、学分
–主码：学号、课程名称
3.3 课程安排表
–字段：课程名称、上课时间、上课地点
–主码：课程名称
4. 系统性能需求
–数据库应能够支持大量学生信息、课程成绩和课程安排的存储和查询；
–数据库应具有较高的稳定性和可靠性，能够保证数据的安全性和完整性。

图 5.1　需求规格说明书样例

该需求规格说明书样例描述了一个学生信息管理系统的功能需求，包括学生信息管理、课程成绩管理、课程安排管理等功能，并给出了相应的数据库设计方案。通过这样

的规格说明书，可以清晰地了解项目的功能需求和数据库设计，有利于后续的系统开发和测试工作。

（4）验证需求：与用户和利益方确认需求规格说明书，确保需求的准确性和完整性。

2. 需求分析的方法

（1）访谈：与用户和利益相关方进行面对面的访谈，直接了解他们的需求和期望。

（2）观察：观察用户在实际工作环境中的操作，了解用户的工作流程和需求。

（3）问卷调查：通过设计问卷调查，收集用户的需求和意见。

（4）原型开发：通过快速原型开发，让用户直观地感受系统的功能和界面，从而更好地理解和确认需求。

3. 数据字典

数据字典是需求分析的一个重要工具，它是一个结构化的文档，用来描述系统中使用的数据项、数据结构、数据流和数据元素等。数据字典通常包括以下内容。

（1）数据项：描述系统中使用的数据项，包括名称、类型、长度、取值范围等信息。

（2）数据结构：描述数据项之间的关系和组织结构，如 E-R 图、数据流程图等。

（3）数据流：描述数据在系统中的流动和转换过程，包括数据的来源、去向、处理过程等。

（4）数据元素：描述系统中使用的数据元素，包括数据的定义、格式、含义等信息。

数据字典可以帮助分析人员更好地理解和描述系统的数据需求，同时可以作为后续设计和实施工作的参考依据。数据字典样例如图 5.2 所示。

```
表名：学生信息表
字段名        数据类型       是否为空      描述
学号          int            否           学生的学号，主码
姓名          varchar(50)    否           学生的姓名
性别          char(1)        是           学生的性别
年龄          int            是           学生的年龄
联系方式      varchar(20)    是           学生的联系方式

表名：课程成绩表
字段名        数据类型       是否为空      描述
学号          int            否           学生的学号，外码
课程名称      varchar(50)    否           课程的名称
成绩          int            是           学生的课程成绩
学分          int            是           课程的学分

表名：课程安排表
字段名        数据类型       是否为空      描述
课程名称      varchar(50)    否           课程的名称，主码
上课时间      datetime       是           课程的上课时间
上课地点      varchar(100)   是           课程的上课地点
```

图 5.2　数据字典样例

数据字典是数据库设计中的重要文档，用于描述数据库中的表结构、字段类型、约束条件等信息。上述数据字典样例展示了 3 张表的结构，包括学生信息表、课程成绩表和课程安排表。每张表都列出了字段名、数据类型、是否为空和描述等信息，有助于开发人员和数据库管理员理解和维护数据库的结构。数据字典的编制可以帮助团队成员更好地理解数据库设计，减少沟通成本，提高开发效率。

| 5.3　概念结构设计 |

概念结构设计不仅仅是对现实世界的模拟，更是在信息世界中对业务需求的抽象和建模。它能够帮助我们理解信息世界中的业务实体之间的关系，有助于我们更好地进行数据库设计和管理。因此，概念结构在信息世界中具有重要的地位，它是信息系统建设的基础，也是信息世界中的组织和抽象。

5.3.1　概念结构

概念结构是信息世界中的一个重要概念，它是指在数据库设计过程中形成的一种逻辑结构，用于描述业务实体、实体之间的关系及实体的属性。概念结构设计是建立在对业务需求的深入理解和分析基础之上的，它能够准确地反映现实世界中的业务场景，是信息世界的抽象和模型化。

1. 概念结构的主要特点

（1）能真实地反映现实世界。

概念结构设计是基于对现实世界的深入理解和分析而进行的，它应能准确地反映业务实体、实体之间的关系及实体的属性，使数据库设计能够与实际业务需求相契合，确保数据库模型能够真实地反映现实世界中的业务场景。

例如，考虑一个图书馆管理系统的概念结构设计。在这个系统中，需要考虑书籍、读者、借阅记录等实体，以及它们之间的关系。通过设计概念结构，我们可以准确地反映出现实世界中图书馆的组成和运作方式，如书籍可以被借阅、读者可以借阅多本书等。

（2）易于理解。

概念结构设计应该是易于理解的，不仅对数据库设计人员而言，而且应该对业务人员和利益相关者而言。清晰简洁的概念结构设计能够帮助各方快速理解数据库模型的基本架构和业务实体之间的关系。

例如，设计一个餐厅点餐系统的概念结构。通过使用直观的实体和关系，如菜品、顾客、订单等，可以使概念结构易于理解，即使是非技术人员也能够清晰地理解系统的基本结构和运作方式。

说明：概念结构设计应该尽可能地简单直观，以便各利益相关者（包括业务人员、用户、开发人员等）都能够轻松理解系统的基本构成和功能。

（3）易于更改。

概念结构设计应该具有一定的灵活性，能够容易地进行修改和调整以适应业务需求的变化。随着业务的发展和变化，概念结构设计应该能够快速响应，进行相应的调整和修改。

例如，考虑一个学生信息管理系统的概念结构设计。如果学校决定引入新的课程类别，或者调整学生选课的流程，那么概念结构应该能够相对容易地进行修改和扩展，以适应这些变化。

说明：概念结构设计应该具有灵活性，能够轻松地适应业务需求的变化。这意味着在系统需求发生变化时，概念结构可以相对容易地进行调整和扩展，而不会带来过高的复杂性和成本。

（4）易于向关系模型转换。

概念结构设计应该能够较为顺利地转换成关系模型，即关系数据库模型。这意味着概念结构设计应该能够清晰地定义实体、关系和属性，以便为后续的逻辑结构设计提供基础，确保数据库设计能够顺利地转换成关系数据库模型。

例如，在设计一个在线商城的概念结构时，可以使用 E-R 图的方式来表示商品、订单、用户等实体及它们之间的关系。这种概念结构可以相对容易地转换为关系数据库模型，从而支持实际的系统实现。

说明：概念结构设计应该能够为后续的数据库设计提供有效的基础。通过使用 E-R 图等形式来表示概念结构，可以更容易地将其转换为关系数据库模型，以支持系统的实际实现和开发。

这些特点都是为了确保概念结构设计能够准确地反映业务需求，易于理解，灵活应对变化，并为后续的逻辑结构设计和物理结构设计提供良好的基础。

2. 概念结构设计的作用

概念结构设计是数据库设计过程中至关重要的一环，它的重要性主要体现在以下几个方面。

（1）确定数据需求。

通过概念结构设计，可以深入理解业务需求，明确业务实体、关系和属性，有助于准确定义数据需求。

例如，在设计医院管理系统的概念结构时，需要确定需要存储的数据，如病人信息、医生信息、诊断信息、药品信息等。通过概念结构设计，可以明确系统需要处理的数据类型、数据之间的关系，以及数据的属性和约束条件。

（2）为后续设计提供基础。

概念结构设计为后续的逻辑结构设计和物理结构设计提供了基础，是数据库设计过程中的关键一步。

例如，在设计一个在线预订系统的概念结构时，可以定义预订实体、用户实体、预订记录实体等，并明确它们之间的关系。这个概念结构为后续的系统架构设计、数据库设计和应用程序开发提供了基础。

（3）具有一定的通用性和灵活性。

概念结构设计的结果通常是一个抽象的 E-R 图，不涉及具体 DBMS 的实现细节，因此具有一定的通用性和灵活性。

例如，设计一个客户关系管理系统的概念结构时，需要考虑客户信息、交易记录、市场活动等实体，以及它们之间的关系。这个概念结构应该具有通用性，能够适应不同类型和规模的企业，并且具有灵活性，能够支持不断变化的业务需求。

3. 概念结构设计的方法与步骤

（1）自顶向下。

自顶向下方法是从整体到细节的设计方法，首先从业务需求和高层次的概念出发，逐步细化为实体、属性和关系。设计人员首先确定整体的概念结构，然后逐步细化为更加具体的实体和属性，直到得到完整的概念结构设计。

例如，设计一个学生信息管理系统的概念结构时，首先我们从整体的角度出发，确定系统中包含学生、课程、教师等主要实体，然后逐步细化为学生信息、课程信息、教师信息等属性，最后确定它们之间的关系，如学生选课关系、教师授课关系等。

说明：自顶向下方法是从整体到细节的设计方法，有助于在设计初期就明确系统的主要实体和关系，可以更好地把握系统的总体架构和逻辑结构。

（2）自底向上。

与自顶向下方法相反，自底向上方法是从细节到整体的设计方法。设计人员首先识别和定义具体的实体、属性和关系，然后逐步整合为整体的概念结构。这种方法通常从现有的数据和业务流程出发，逐步构建出整体的概念结构。

例如，设计一个企业的人事管理系统时，可以从现有的各部门的员工信息、薪资信息、考勤信息等细节数据出发，逐步整合这些数据，形成整体的人事管理系统的概念结构。

说明：自底向上方法是从细节到整体的设计方法，可以充分利用现有的数据和业务流程，逐步构建出整体的概念结构，有助于保证设计的实际可行性。

（3）逐步扩张。

这种方法是通过逐步扩展和细化的方式进行概念结构设计。设计人员首先确定一个初始的概念结构，然后通过不断迭代和扩展，逐步完善和细化这个概念结构，直到满足需求为止。

例如，设计一个在线商城的概念结构时，首先确定商品、订单、用户等基本实体和它们之间的关系，然后通过逐步迭代，不断添加新的实体和关系，如支付信息、物流信息等，逐步完善概念结构。

说明：逐步扩张方法通过迭代和扩展，逐步完善和细化概念结构，有助于在设计过程中充分考虑各个方面的需求和细节。

（4）混合策略。

混合策略方法是将自顶向下和自底向上方法相结合，根据具体的设计需求和情况采取不同的策略。设计人员可以根据实际情况先从整体出发，再进行细化；也可以先从细节出发，再逐步整合为整体的概念结构。

例如，在设计一个医院信息管理系统的概念结构时，可以先从整体出发确定医院、科室、医生等主要实体和关系，然后逐步细化为具体的病人信息、药品信息等，以及从现有的病历、处方等数据出发，逐步整合为整体的概念结构。

说明：混合策略方法可以根据具体情况灵活选择自顶向下、自底向上方法成逐步扩张方法，充分考虑各个方面的需求和细节，以达到最佳的概念结构设计效果。

5.3.2 实体-关系模型

概念模型的设计和表示可以使用多种工具和技术，如 E-R 图、统一建模语言（Unified Modeling Language，UML）、数据建模工具等，本小节主要介绍 E-R 图。

E-R 图是一种常用的概念模型表示方法，用于描述实体与实体之间的关系。E-R 图通常包括实体、属性和关系的表示，可以使用专门的 E-R 图工具或数据库设计工具进行绘制和编辑。

1. 实体之间的联系

（1）两个实体型之间的联系。

①一对一联系（1∶1）。

如果对于实体集 A 中的每一个实体，实体集 B 中至多有一个（也可以没有）实体与之联系，反之亦然，则称实体集 A 与实体集 B 具有一对一联系，记为 1∶1。

例如，学校里一个学生只有一张学生证，而一张学生证对应一个具体的学生，则学生与学生证之间具有一对一联系。

②一对多联系（1：n）。

如果对于实体集 A 中的每一个实体，实体集 B 中有 n 个实体（$n \geqslant 0$）与之联系，反之，对于实体集 B 中的每一个实体，实体集 A 中只有一个实体与之联系，则称实体集 A 与实体集 B 具有一对多联系，记为 1：n。

例如，一个部门可以有多个员工，但一个员工只能属于一个部门，则部门与员工之间具有一对多联系。

③多对多联系（m：n）。

如果对于实体集 A 中的每一个实体，实体集 B 中有 n 个实体（$n \geqslant 0$）与之联系，反之，对于实体集 B 中的每一个实体，实体集 A 中也有 m 个实体（$m \geqslant 0$）与之联系，则称实体集 A 与实体集 B 具有多对多联系，记为 m：n。

例如，一本图书可以被多个读者借阅，而一个读者可以借阅多本图书，则图书与读者之间具有多对多联系。

两个实体型之间的 3 种联系类型可以用图形来表示，如图 5.3 所示。

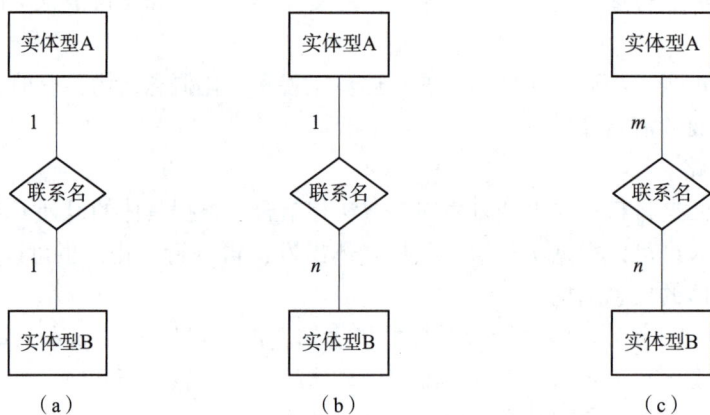

图 5.3　两个实体型之间的 3 种联系

（a）一对一联系；（b）一对多联系；（c）多对多联系；

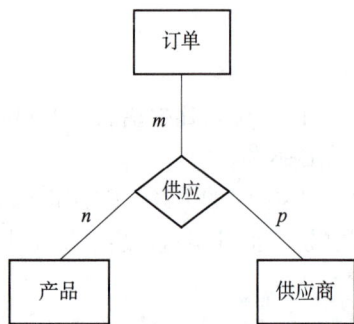

图 5.4　两个以上实体型之间的联系示例

（2）两个以上的实体型之间的联系。

考虑两个以上的实体型之间的关系时，它们之间也存在着一对一、一对多、多对多联系。

对于订单、产品与供应商 3 个实体型，如果一个订单可以有多个产品信息，分别来自不同的供应商，而每一个供应商也可以供应多个产品，每一个产品也可以由不同的供应商供应，则订单与产品、供应商之间的联系是多对多的，如图 5.4 所示。

（3）单个实体型内的联系。

同一个实体集内的各实体之间也可以存在一对一、一对多、多对多的联系。

例如，职工实体型内部具有领导与被领导的联系，即某一职工（干部）领导若干名职工，而一个职工仅被另外一个职工直接领导，因此这是一对多联系，如图 5.5 所示。

（4）联系的度：参与联系的实体型的数目。

两个实体型之间的联系，其度为 2，称为二元联系；3 个实体型之间的联系，其度为 3，称为三元联系；N 个实体型之间的联系，其度为 N，称为 N 元联系。

2. E-R 图

（1）E-R 图提供了表示实体型、属性和联系的方法。

①实体型：用矩形框表示，框内写明实体名。

②属性：用椭圆框表示，并用无向边将其与相应的实体型连接起来。

例如，汽车实体具有车牌号、品牌、型号、颜色等属性，用实体-属性图（也称子 E-R 图）表示，如图 5.6 所示。

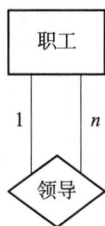

图 5.5　单个实体型内的一对多联系　　　　图 5.6　实体-属性图示例

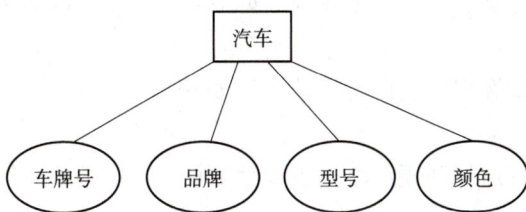

③联系：用菱形框表示，框内写明联系名，并用无向边分别与有关实体型连接起来，同时在无向边旁标上联系的类型（$1:1$、$1:n$ 或 $m:n$）。

④联系可以具有属性。

例如，公交公司的汽车可以由多个驾驶员运营，而每一个驾驶员在不同时间可以运营不同的汽车，汽车和驾驶员之间的多对多联系可以用 E-R 图表示，如图 5.7 所示。

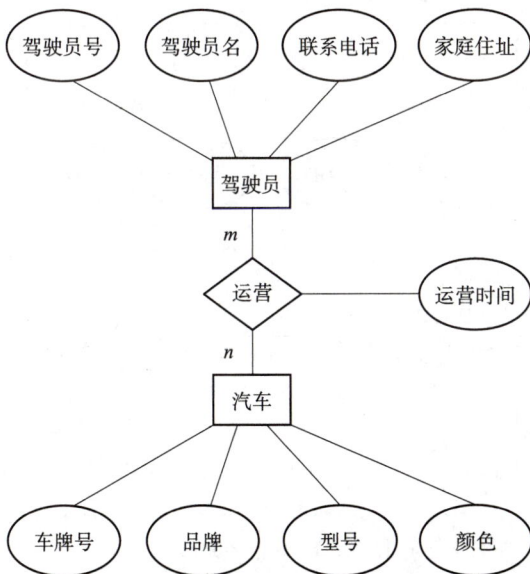

图 5.7　E-R 图示例

3. 实例

为某个酒店管理系统设计概念模型,该酒店管理系统的实体和属性,以及实体之间的联系分别描述如下。

(1) 实体和属性。

①酒店 (酒店 ID,名称,地址,评分)。

②房间 (房间号,房间类型,价格,是否已预订)。

③客户 (客户 ID,姓名,电话,电子邮件)。

④预订 (预订 ID,客户 ID,房间号,预订日期,入住日期,退房日期)。

⑤员工 (员工 ID,姓名,职位,酒店 ID)。

(2) 这些实体之间的联系。

①酒店和房间之间是一对多联系,一个酒店可以有多个房间,但一个房间只能属于一个酒店。

②客户和预订之间是一对多联系,一个客户可以有多个预订,但一个预订只属于一个客户。

③房间和预订之间是多对多联系,一个房间可以被多个预订选择,而一个预订也可以涉及多个房间。

④酒店和员工之间是一对多联系,一个酒店可以有多个员工,但一个员工只能在一个酒店工作。

(3) 实体–属性图和 E-R 图。

①酒店管理系统的实体–属性图如图 5.8 所示。

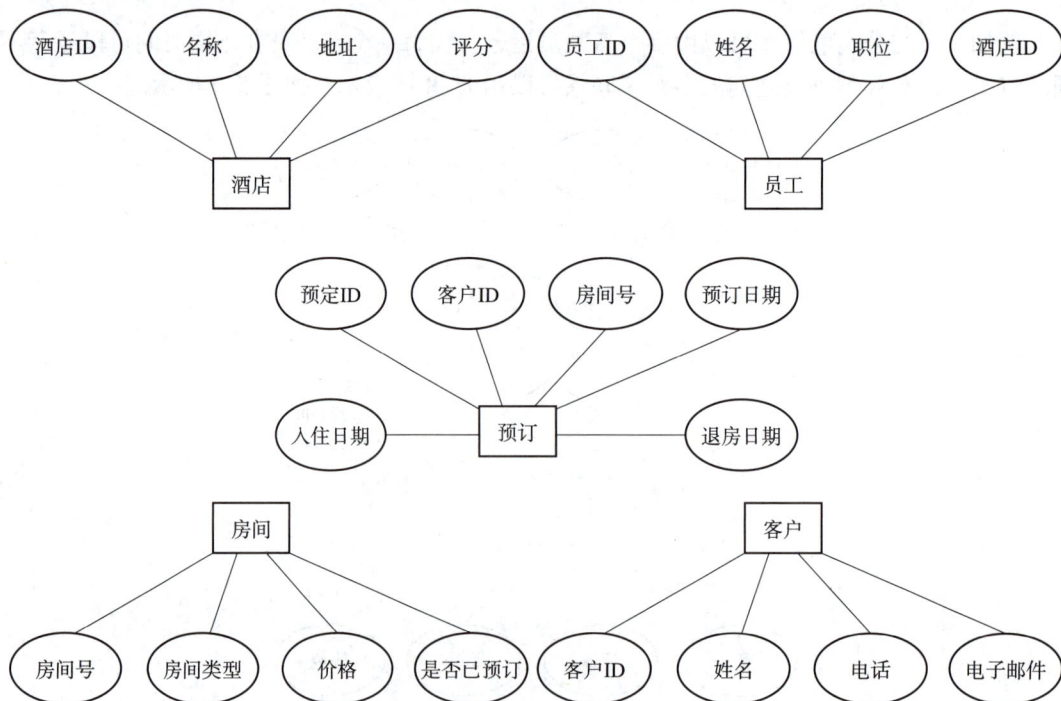

图 5.8　酒店管理系统的实体–属性图

②酒店管理系统的 E-R 图，如图 5.9 所示。

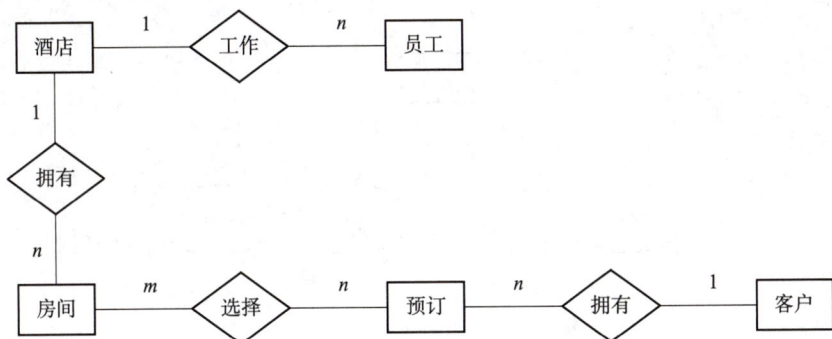

图 5.9　酒店管理系统的 E-R 图

③酒店管理系统的完整 E-R 图如图 5.10 所示。

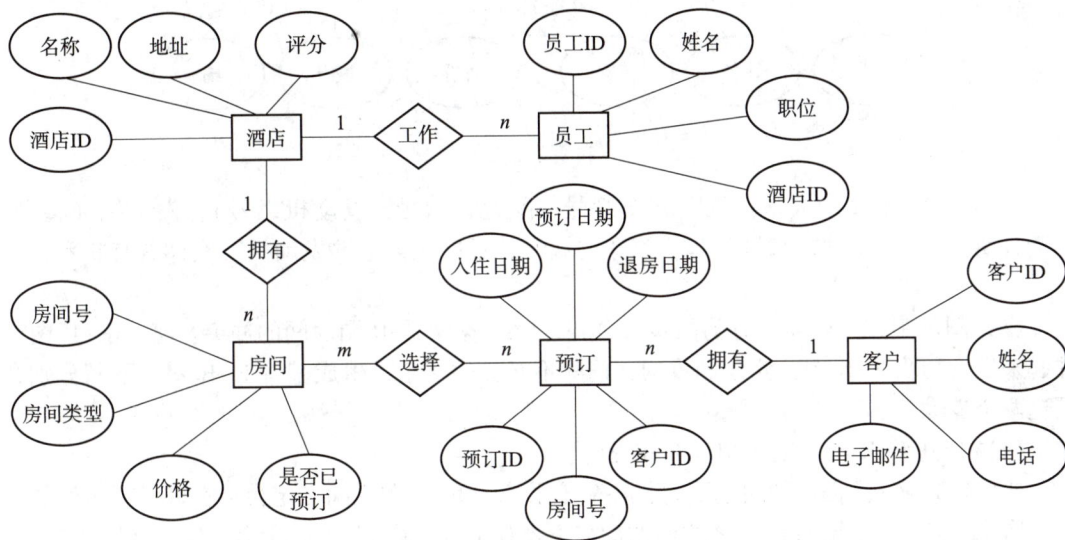

图 5.10　酒店管理系统的完整 E-R 图

5.3.3　概念结构设计的方法与步骤

1. 实体与属性的划分原则

通常情况下，为了简化 E-R 图，能作为属性的尽量作实体的属性，而不是另外创建一个实体来描述它，这样可以减少实体个数及实体之间的联系，简化数据库设计。

实体与属性的划分原则通常有以下两条。

（1）任何属性是一个不可分的数据项，不能再包含其他属性，如果一个属性又需要包含其他属性，则将该属性上升为实体，单独进行描述。

（2）联系是指实体与实体之间的联系，如果某一个属性需要与另一个实体发生联系，则该属性也单独作为实体来描述。

【例 5.1】　有关系：学生（学号，姓名，年龄，家庭住址），其中的属性"家庭住址"

如果有更多的属性，如省份、城市、街道，则可以将家庭住址作为一个独立的实体描述，如图 5.11 所示。

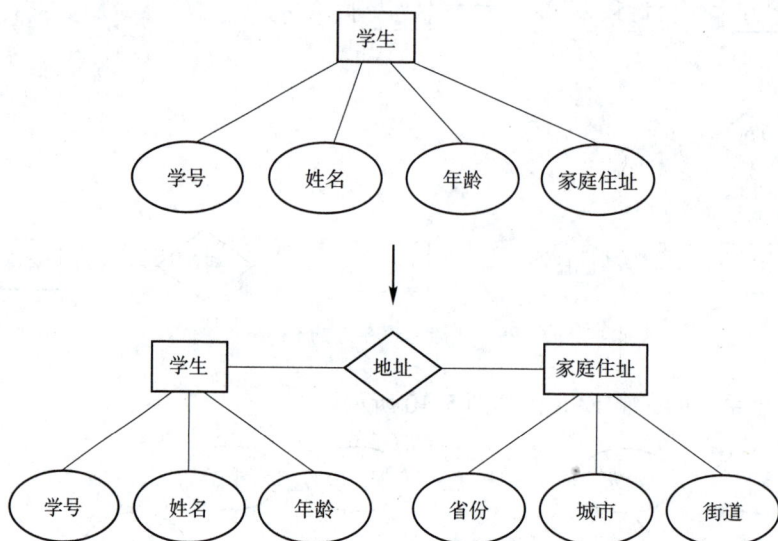

图 5.11 属性上升为实体

【例 5.2】 有 2 个关系：汽车（车牌号，颜色，型号，发动机编号），发动机（型号，生产日期），则"发动机编号"作为汽车的属性，不应该再与"发动机"实体具有联系。

2. E-R 图的集成

E-R 图的集成一般需要分为两步：合并，解决各分 E-R 图之间的冲突，将分 E-R 图合并起来生成初步 E-R 图；修改和重构，消除不必要的冗余，生成基本 E-R 图。下面分别介绍这两个步骤。

（1）合并 E-R 图，生成初步 E-R 图。

各个局部应用所面向的问题不同，各个子系统的 E-R 图之间必定会存在许多不一致的地方，称为冲突。子系统的 E-R 图之间的冲突主要有 3 类：属性冲突、命名冲突、结构冲突。

1）属性冲突。

在一个 E-R 图中可能出现属性冲突，即属性域冲突或属性取值单位冲突。

①属性域冲突：例如，有一个"年龄"属性，它在一个实体中被定义为整数型（int），而在另一个实体中被定义为字符串型（string）。这就构成了属性域冲突，因为相同属性在不同实体中的数据类型的定义不一致。

②属性取值单位冲突：例如，有一个"重量"属性，它在一个实体中使用"千克"作为单位，而在另一个实体中使用"克"作为单位。这就构成了属性取值单位冲突，因为相同属性在不同实体中的单位的定义不一致。

在数据库设计和数据建模过程中，需要特别注意避免出现属性冲突的情况，以确保属性的定义和使用一致。

2）命名冲突。

在 E-R 图中，可能会出现命名冲突，即同名异义和异名同义的情况。

①同名异义：例如，一个实体称为"订单"，在一个上下文中表示客户提交的订单，而在另一个上下文中表示供应商发出的订单。尽管它们的名称相同，但实际上代表的是两个不

同的概念，这就是同名异义的情况。

②异名同义：例如，一个实体在一个 E-R 图中称为"客户"，而在另一个 E-R 图中称为"用户"，它们实际上都代表同一个概念，即系统中的注册用户。尽管它们的名称不同，但实际上代表的是相同的概念，这就是异名同义的情况。

在数据库设计和数据建模过程中，还需要特别注意避免出现同名异义和异名同义的情况，以确保实体和关系的语义清晰和一致。这可以通过合理命名和文档化来避免。

3）结构冲突。

在 E-R 图中，还可能会出现结构冲突，主要有以下两种情况。

①同一实体在不同分 E-R 图中所包含的属性个数和属性排列次序不完全相同。

例如，两个局部模型 A 和 B，它们都描述了员工的信息。在模型 A 中，员工被表示为一个实体，具有工号、姓名、性别和年龄等属性。而在模型 B 中，员工同样是一个实体，但属性可能有所不同，如工号、姓名和所在部门。当我们将这两个模型合并时，就可能会遇到结构冲突，因为同一个实体"员工"在两个模型中具有不同的属性集。

解决办法：对实体的属性取其在不同局部应用中的并集，并适当设计好属性的次序。

②同一对象在不同局部应用中具有不同的抽象，即在不同的 E-R 图中，同一个概念，有的作为实体，有的作为属性。

例如，一个图书馆管理系统数据库设计中，模型 A 是读者管理模块，实体"读者"具有 ID、姓名、书籍等属性。在这个模型中，"书籍"是实体"读者"的一个属性；而模型 B 是图书管理模块，"书籍"被设计为一个实体，具有 ISBN、书名、作者、库存数量等属性。

解决办法：将实体转换为属性或将属性转换为实体，以保持结构的统一。在这个例子中，由于书籍具有更多需要描述的细节，所以将"书籍"作为实体来进行定义更合适。

在数据库设计过程中，识别和解决结构冲突是非常重要的，它有助于确保数据的一致性和完整性，同时提高数据库的性能和可维护性。

（2）消除不必要的冗余，生成基本 E-R 图。

所谓冗余的数据，是指可由基本数据导出的数据，冗余的联系是指可由其他联系导出的联系。

例如，在一个学生选课系统中，如果已经记录了学生的学号和课程编号，那么学生选了哪些课程的信息就是可以由这两个基本数据导出的。

又如，在一个订单系统中，如果已经有了顾客和产品之间的购买关系，那么订单和产品之间的关系就是可以由顾客和产品之间的关系导出的。

消除冗余主要采用分析方法，即以数据字典和数据流图为依据，根据数据字典中关于数据项之间逻辑关系的说明来消除冗余。

知识拓展　>>>

随着技术的发展，概念结构设计也涌现出了一些新技术和方法。

1. 数据建模工具

现代的数据建模工具提供了图形化的界面，使设计者能够更直观地创建和修改概念模型。这些工具通常支持多种数据模型（如层次模型、网状模型、关系模型等），并可以自动生成数据库模式代码，大大提高了设计效率。

2. 面向对象的数据建模

面向对象的数据建模方法允许设计者使用类和对象的概念来描述现实世界中的实体和关系。这种方法可以更好地模拟现实世界的复杂性，并提供了继承、封装和多态等面向对象编程的特性。

3. 自然语言处理技术

近年来，自然语言处理技术也被引入概念结构设计。设计者可以使用自然语言来描述业务需求和数据结构，然后由系统自动转换为相应的数据模型。这种技术降低了设计门槛，使更多的人能够参与到数据库设计中来。

4. 人工智能和机器学习技术

人工智能和机器学习技术可以帮助设计者发现数据之间的隐藏关系，提供数据驱动的建模建议。通过分析历史数据和业务模式，这些技术可以预测未来的数据需求，并优化数据模型以满足这些需求。

5. 云原生和微服务架构

随着云原生和微服务架构的兴起，数据库设计也需要考虑如何更好地支持这些新技术。在概念结构设计阶段，就需要考虑如何将数据模型与微服务架构相结合，以实现数据的灵活性和可扩展性。

5.4 逻辑结构设计

逻辑结构设计是概念结构设计的后续步骤，其主要任务是将概念结构设计中的 E-R 图转换为 DBMS 能够理解和实现的逻辑结构，通常是关系模型。

逻辑结构设计的目标是确保数据库的逻辑结构能够准确地反映现实世界的数据模型，并且能够被 DBMS 有效地管理和操作。因此，逻辑结构设计是非常重要的，它为后续的物理结构设计和实施提供了基础，同时为数据库的性能和可维护性奠定了基础。

逻辑结构设计可以分为 3 个主要步骤：E-R 图向关系模型的转换、数据模型的优化、设计用户子模式。这 3 个步骤是逻辑结构设计过程中非常重要的组成部分，它们确保了数据库设计的合理性、性能和用户友好性。

5.4.1 E-R 图向关系模型的转换

在这一步中，E-R 图中的实体、属性和联系将被映射到关系模型中的表、列和外码。这个过程通常包括将实体转换为表、属性转换为列，以及确定实体之间的联系如何映射为外码。

在 E-R 图中，主要有 3 个组成元素：实体、属性、实体之间的联系。要将 E-R 图转换为关系模型，就是将这 3 个组成元素转换成关系模式，这种转换遵循的基本原则如下。

（1）一个实体转换成一个关系模式，实体的属性就是关系的属性，实体的码就是关系的码。

（2）实体与实体之间的联系的转换规则如下。

①一个 1 : 1 联系可以转换成一个独立的关系，也可以与某一端进行合并。通常选择将 1 : 1 联系与某一端进行合并。

【例 5.3】　一个员工管理系统中有多个部门，每一个部门有多个员工，其中只有一个员工是部门经理，一个经理只在一个部门任职，他们之间是 1 : 1 联系，如图 5.12 所示。请将这个 E-R 图转换成关系模型。

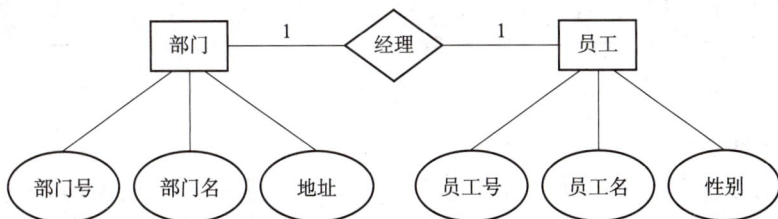

图 5.12　部门–员工的 1 : 1 联系

这里将 1 : 1 联系"经理"合并到"部门"实体中，在"部门"实体中增加一个新的属性"经理员工号"，它是"部门"实体的外码，引用了"员工"实体的主码"员工号"。最后转换得到两个关系模式，其中每个关系模式的主码用下划线标注，外码用波浪线标注：

部门（部门号，部门名，地址，**经理员工号**）

员工（员工号，员工名，性别）

②一个 1 : n 联系可以转换成一个独立的关系，也可以与 n 端进行合并。通常选择将 1 : n 联系与 n 端进行合并。

【例 5.4】　考虑一个书籍出版管理系统，其中有多个作者信息、多本图书信息，其中一个作者可以撰写多本图书，一本图书只有一个作者，作者和图书之间是 1 : n 联系，如图 5.13 所示。请将这个 E-R 图转换成关系模型。

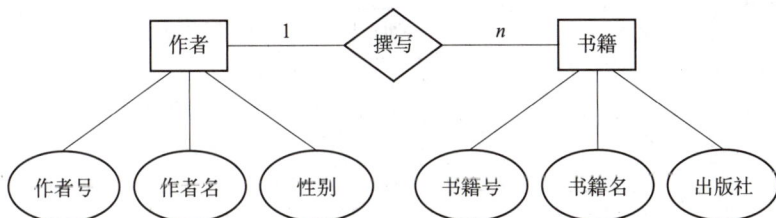

图 5.13　作者–书籍的 1 : n 联系

这里将 1 : n 联系"撰写"合并到"书籍"实体中，在"书籍"实体中增加一个新的属性"作者号"，它是"书籍"实体的外码，引用了"作者"实体的主码"作者号"。最后转换得到两个关系模式，其中每个关系模式的主码用下划线标注，外码用波浪线标注：

作者（作者号，作者名，性别）

书籍（书籍号，书籍名，出版社，**作者号**）

③一个 m : n 联系转换成一个独立的关系模式。

【例 5.5】　一个项目开发管理系统中，有多个项目信息，也有多个员工的信息，其中每个项目可以有多个员工参与，一个员工也可以参与多个项目的开发。项目和员工之间是多对多联系，如图 5.14 所示。请将这个 E-R 图转换成关系模型。

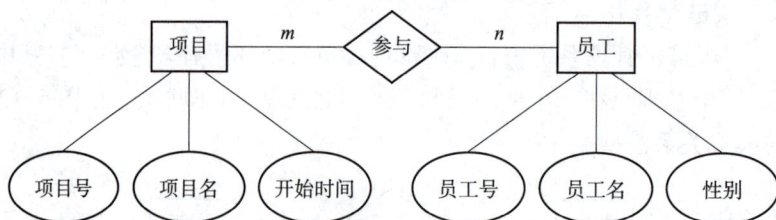

图 5.14　项目-员工的 $m:n$ 联系

一个 $m:n$ 联系可以转换成一个独立的关系，并将两端实体的主码加入这个新的关系中，一起作为新关系的主码，并分别作为新关系的 2 个外码。最后转换得到 3 个关系模式，其中每个关系模式的主码用下划线标注，外码用波浪线标注：

项目（项目号，项目名，开始时间）

员工（员工号，员工名，性别）

参与（项目号，员工号，参与时间）

④3 个或 3 个以上实体之间的联系转换成一个独立的关系模式。

【例 5.6】　一个歌曲收藏管理系统中，有多个用户、多个歌手、多首歌曲，其中每一个用户可以收藏多个歌手演唱的多首歌曲，每一个歌手演唱的歌曲也可以被多个用户收藏。用户、歌手、歌曲之间是 $m:n:p$ 联系，如图 5.15 所示。请将这个 E-R 图转换成关系模型。

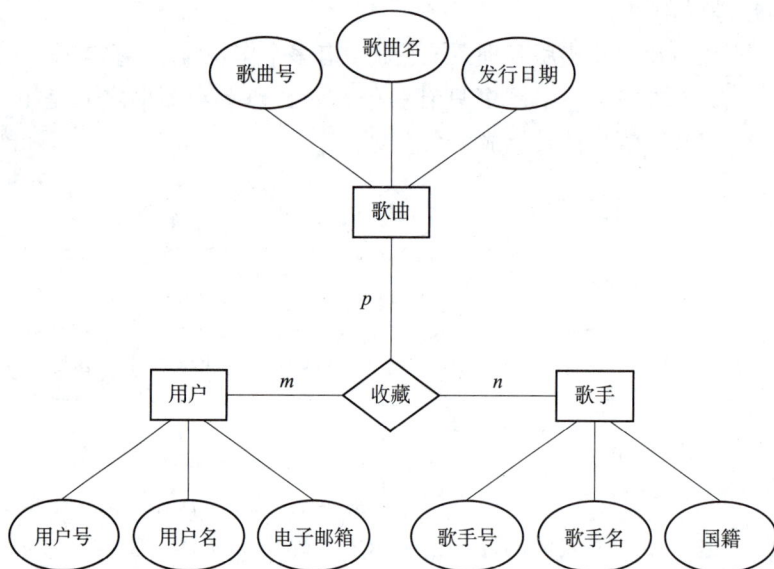

图 5.15　用户-歌手-歌曲之间的 $m:n:p$ 联系

一个 $m:n:p$ 联系可以转换成一个独立的关系，并将 3 端实体的主码加入这个新的关系，一起作为新关系的主码，并分别作为新关系的 3 个外码。最后转换得到 4 个关系模式，其中每个关系模式的主码用下划线标注，外码用波浪线标注：

　　　　　　用户（用户号，用户名，电子邮箱）

　　　　　　歌手（歌手号，歌手名，国籍）

　　　　　　歌曲（歌曲号，歌曲名，发行日期）

　　　　　　收藏（用户号，歌手号，歌曲号，收藏时间）

　　⑤具有相同码的关系可以合并，目的在于减少关系的个数。

　　【例 5.7】　一个学生信息管理系统中，有两个设计人员分别为学生设计了实体：学生 1（学号，姓名，性别，年龄，家庭住址）；学生 2（学号，姓名，性别，出生日期，系部）。

　　这两个关系具有相同的码"学号"，可以合并成一个关系，去掉属性中的重复项。最后得到的关系为：学生（学号，姓名，性别，年龄，出生日期，系部，家庭住址）。

5.4.2　数据模型的优化

　　在将 E-R 图转换成关系模型后，可能需要对关系模型进行优化以提高数据库的性能和可维护性。

1. 合并重复属性

　　在关系模型中，如果多个实体具有相同的属性，则可以考虑将这些属性提取出来，创建一个新的实体，并将这些属性作为新实体的属性。这样可以避免数据冗余，并提高数据库的一致性。

2. 规范化数据

　　对于重复的数据，可以通过规范化来减少数据冗余。将重复的数据提取出来，创建一张单独的表，并通过外码与原始表进行关联。

3. 添加索引

　　对于经常被查询的属性，可以添加索引以提高查询性能。例如，对于经常用于查询的属性，如学生的学号或课程编号，可以添加索引以加快查询速度。

4. 创建视图

　　对于复杂的查询，可以创建视图来简化查询过程。视图可以隐藏复杂的关联和计算过程，提高查询的可读性和可维护性。

5. 适当地引入冗余数据

　　在某些情况下，可以适当地引入冗余数据以提高查询性能。例如，将某些经常一起查询的属性存储在同一张表中，避免频繁的关联查询。

6. 垂直和水平分割

　　对于大型的关系模型，可以考虑将表进行垂直或水平分割，以提高查询性能和减少数据冗余。垂直分割可以将表拆分为具有不同访问模式的子集，而水平分割可以将表按行进行分割，使每张表的行数更少。

　　这些优化方案可以根据具体的数据库设计和应用需求进行综合考虑和实施。

5.4.3　设计用户子模式

　　用户子模式是指数据库的逻辑视图，即用户如何看到和访问数据库中的数据。

　　在设计用户子模式时，可以根据用户的需求和权限来划分数据库中的表及相关的视图和存储过程。这样可以提高数据库的安全性和可维护性，同时能够更好地满足不同用户的需求。

例如，有一个学生信息管理系统，包括学生（Student）、课程（Course）和成绩（Grade）3 个实体。可以设计以下的用户子模式。

1. 学生用户子模式

创建一个名为"StudentAccess"的用户子模式，该子模式包含对学生信息的访问权限，包括对学生表的查询、插入和更新权限。该用户子模式可以通过视图来限制对敏感信息的访问。

示例：创建一个名为"StudentInfoView"的视图，包含学生的基本信息（姓名、性别、出生日期等），但不包含敏感信息（如家庭地址、联系方式等）。

2. 教师用户子模式

创建一个名为"TeacherAccess"的用户子模式，该子模式包含对课程和成绩信息的访问权限，包括对课程表和成绩表的查询和更新权限。

示例：创建一个名为"CourseGradeView"的视图，包含教师需要的课程信息和学生成绩信息，但不包含学生的个人信息。

3. 管理员用户子模式

创建一个名为"AdminAccess"的用户子模式，该子模式包含对整个数据库的完全访问权限，包括对学生、课程和成绩表的查询、插入、更新和删除权限。

示例：创建一个名为"FullAccessView"的视图，包含整个数据库的所有信息，供管理员进行全面管理和监控。

通过这样的用户子模式设计，不同类型的用户可以获得他们所需的信息访问权限，同时能够限制他们对敏感信息的访问，提高了数据库的安全性和可控性。

知识拓展   >>>

逻辑结构设计是数据库设计的关键环节，它涉及将概念模型转换为具体的数据库模式。

1. 自动化逻辑结构设计工具

现代数据库设计工具提供了自动化逻辑结构设计的功能。这些工具能够根据概念模型自动生成数据表、主码、外码、索引等数据库对象，大大减少了手动设计的工作量。这些工具还提供了数据完整性、安全性和性能的优化建议，帮助设计师创建更加健壮和高效的数据库结构。

2. 基于云的数据库设计服务

随着云计算技术的发展，越来越多的数据库设计服务开始迁移到云端。云服务提供商通常提供了一套完整的数据库设计解决方案，包括逻辑结构设计。设计师可以利用这些云服务快速搭建和部署数据库，同时享受云平台的弹性扩展、数据备份和恢复等功能。

3. 数据虚拟化技术

数据虚拟化技术允许设计师在不改变底层数据结构的情况下，为上层应用提供一个统一、逻辑化的数据视图。在逻辑结构设计中，数据虚拟化技术可以帮助设计师更加灵活地整合和呈现数据，以满足不同的业务需求。

5.5　物理结构设计

数据库在物理设备上的存储结构与存取方法称为**数据库的物理结构**，它依赖选定的 DBMS。为一个给定的逻辑数据模型选取一个最适合应用要求的物理结构的过程，就是数据库的物理结构设计。

5.5.1　物理结构设计的内容和步骤

数据库的物理结构设计主要包括以下几个方面。

1. 数据库存储结构设计

确定数据库中数据的物理存储方式，包括表空间的分配、数据文件的组织方式、数据块大小等。

例如，确定将数据库中的表空间分为数据空间和索引空间，以便对数据和索引进行分开管理。通过将数据和索引进行分开存储，可以提高数据库的访问效率，减少数据碎片，提高数据存储的性能。

2. 索引设计

确定需要创建的索引及索引的类型、字段等，以提高数据检索的效率。

例如，在一个订单管理系统中，有一个名为"orders"的表，其中包含了大量的订单数据。针对这张表，我们需要根据订单号（order_id）进行频繁地查询。为了加快根据订单号进行查询的速度，我们决定为"orders"表的"order_id"字段创建单列索引。

通过为"order_id"字段创建单列索引，可以大大加快根据订单号进行查询的速度。当查询特定订单号时，数据库引擎会使用该索引快速定位到相应的记录，而不需要进行全表扫描，从而提高查询效率。这对于大型订单数据表来说尤为重要，因为它可以大幅减少查询时间，提高系统的响应速度。

注意：索引的设计需要根据具体的查询需求和数据访问模式进行合理选择。过多或不必要的索引可能会增加数据库的维护成本，因此，在设计索引时，需要权衡查询性能和维护成本。

3. 物理存取路径设计

确定数据库中数据的物理存取路径，包括数据读取的方式、存储介质的选择等。

例如，在一个电子商务网站的订单管理系统中，因为系统每天处理大量的订单数据，所以需要考虑如何优化数据的读取和写入路径。为了提高系统的性能和响应速度，我们决定将订单数据存储在固态硬盘（Solid State Disk，SSD）上，以加快数据的读取和写入速度。

通过选择 SSD 作为订单数据的存储介质，可以显著提高数据的读取和写入速度。相较于传统的机械硬盘（Hard Disk Drive，HDD），SSD 具有更快的数据访问速度和更低的访问延迟，特别适合处理大量的并发读写操作。这样可以提高订单管理系统的性能，加快订单数据的处理速度，提高用户体验。

注意：物理存取路径设计需要根据具体的数据访问模式和系统负载情况进行合理选

择。在高并发和大数据量的场景下，选择合适的存储介质可以显著提高系统的性能和稳定性。

4. 数据库安全性设计

确定数据库的安全性策略，包括用户权限管理、数据加密、安全审计等。

例如，在一个医院的病人管理系统中，存在着大量的敏感数据，包括病人的个人信息、病历记录、诊断结果等。为了保证这些敏感数据的安全性，系统管理员决定采取以下数据库安全性设计措施。

（1）实施严格的访问控制：通过数据库用户角色和权限管理，对不同的用户进行访问控制，确保只有经过授权的医生和护士才能访问病人的个人信息和诊断记录。

（2）数据加密：对数据库中的敏感数据进行加密存储，以防止数据在存储和传输过程中被未经授权的人员获取。

（3）定期的安全审计：定期对数据库的安全性进行审计，检查是否存在安全漏洞，及时发现并解决潜在的安全问题。

（4）实施备份和恢复策略：定期对数据库进行备份，并建立完善的数据恢复机制，以应对意外数据丢失或损坏的情况。

5. 性能优化设计

通过合理的物理设计，优化数据库的性能，包括查询性能、事务处理性能等。

例如，一个在线电商平台的数据库在高峰期遇到了性能瓶颈，系统响应变慢，用户体验下降。为了优化数据库性能，数据库管理员决定采取以下性能优化设计措施。

（1）查询优化：通过分析常用的查询语句和业务需求，对频繁执行的查询进行优化，包括优化 SQL 语句、添加合适的索引、避免全表扫描等，以提高查询效率。

（2）数据库缓存：引入数据库缓存技术，将频繁访问的数据缓存到内存中，减少数据库的读取压力，加快数据访问速度。

（3）分区表：对大型表进行分区，将数据分散存储在不同的物理位置，以减少单张表的数据量，提高查询和写入性能。

（4）硬件升级：考虑对数据库服务器的硬件进行升级，包括 CPU、内存、存储等，以提高系统的计算和存储能力。

（5）并发控制优化：通过优化数据库并发控制机制，减少锁竞争，提高并发访问性能。

● 5.5.2　物理结构设计的评价

数据库的物理结构设计好以后，通常需要从以下几个方面进行评价。

1. 存储布局

评价物理结构时，需要考虑数据在存储介质上的布局方式，包括数据文件、日志文件、索引文件等的组织方式。合理的存储布局可以提高数据访问的效率，减少存储空间的浪费。

2. 索引策略

索引是数据库中提高查询性能的重要手段，评价物理结构时需要考虑索引的创建方式、存储位置、维护策略等。合理的索引策略可以加快查询速度，提高系统性能。

3. 分区和分片

对于大型数据库，可以考虑采用分区和分片的方式对数据进行存储，评价物理结构时需要考虑分区和分片的划分方式、数据的分布均衡性及查询性能的提升等方面。

4. 存储引擎选择

不同的 DBMS 提供了不同的存储引擎，评价物理结构时需要根据具体的业务需求选择合适的存储引擎，如 InnoDB、MyISAM 等，以满足性能、事务支持、并发控制等方面的需求。

5. 容灾和备份策略

评价物理结构时需要考虑容灾和备份方面的设计，包括数据的备份策略、灾备方案、数据恢复策略等，以确保数据的安全性和可靠性。

评价物理结构时需要综合考虑存储布局、索引策略、分区和分片、存储引擎选择及容灾和备份策略等方面，以确保数据库系统在物理结构上的高效性、可靠性和安全性。

知识拓展 >>>

物理结构设计的新技术正推动着数据存储与检索效率的显著提升，助力构建更稳定、高效的数据处理系统。

1. 自动化物理设计工具

现代 DBMS 提供了自动化工具，用于优化物理存储结构，如索引、分区和数据布局。这些工具可以根据数据访问模式和查询负载自动推荐最佳的物理设计配置。

2. 存储引擎优化

新型存储引擎利用内存技术、压缩算法和并行处理来提高数据读写性能。例如，一些 DBMS 使用列式存储引擎来加速分析查询。

3. 智能存储管理

利用 AI 和机器学习技术来预测数据访问模式，并据此自动调整物理存储参数，如缓存策略、数据分区和压缩设置。

4. 闪存和 SSD 技术集成

将闪存和 SSD 技术集成到数据库物理设计中，以显著提高 I/O 性能。这些技术减少了磁盘 I/O 的延迟，加快了数据访问速度。

5. 分布式和并行存储架构

为了支持大数据和实时分析，分布式数据库采用物理设计来优化数据在多个节点之间的分布和复制。并行存储架构允许同时处理多个查询，提高了整体系统的吞吐量。

5.6 数据库的实施和维护

5.6.1 数据库的实施

数据库的实施是指在数据库设计完成后，将设计好的数据库系统部署到实际的生产环境中，并进行相关配置、测试和上线的过程。数据库实施的步骤通常包括以下几个阶段。

1. 环境准备

在数据库实施之前，需要进行环境准备工作，包括选择合适的硬件和操作系统平台、安装和配置 DBMS 软件、创建数据库实例等。

2. 数据库设计导入

将数据库设计文档转换为数据库实际结构，包括创建数据库表、视图、索引、存储过程等，以及导入初始化数据。

3. 安全设置

配置数据库的安全设置，包括用户权限管理、角色授权、访问控制等，以确保数据库系统的安全性。

4. 性能优化

进行数据库性能优化工作，包括优化 SQL 语句、创建合适的索引、调整存储参数、优化查询计划等，以提高数据库系统的性能。

5. 数据迁移

如果是已有系统的数据库实施，则可能需要进行数据迁移工作，将已有的数据迁移到新的数据库系统中。

6. 测试和验证

进行数据库系统的功能测试、性能测试、安全性测试等，验证数据库系统的稳定性和可靠性。

7. 系统上线

在完成测试和验证后，将数据库系统上线，让业务系统开始使用新的数据库系统。

5.6.2 数据库的维护

数据库的维护是指对数据库系统进行日常管理、监控、优化和修复的一系列活动，以确保数据库系统的稳定性、可靠性、高性能和安全性。数据库维护的工作主要包括以下方面。

1. 监控和调优

定期监控数据库系统的运行状态，包括性能指标、存储空间利用率、事务处理情况等，进行系统调优，保证系统的高效、稳定运行。

2. 数据备份和恢复

制定数据备份策略，定期进行数据备份，并测试数据恢复流程，以防止数据丢失。

3. 安全管理

定期审计数据库系统的安全性，包括用户权限、访问控制、数据加密等，以确保数据库系统的安全性。

4. 版本升级和补丁管理

定期进行 DBMS 的版本升级和补丁更新，以获得最新的功能和安全性修复。

5. 性能优化

根据数据库系统的运行情况，进行性能优化工作，包括精细的优化查询、智能的索引构建、精准的存储参数调整等，以保证系统的高性能。

通过以上工作，可以有效地进行数据库的实施和维护工作，确保数据库系统在生产环境中的稳定、高效运行。

> ⚙ **知识拓展**　　　　　　　　　　　　　　　　　　　　　　　　>>>
>
> 在数据库的实施和维护过程中，性能监控是至关重要的环节。
>
> **1. 确定关键性能指标**
>
> （1）响应时间：监控数据库查询和事务的响应时间，以识别可能的性能瓶颈。
>
> （2）吞吐量：跟踪数据库每秒处理的事务数或查询数，确保系统在高负载下仍能保持稳定。
>
> （3）资源利用率：监控 CPU、内存、磁盘 I/O 和网络的使用情况，以及数据库连接数和锁定情况。
>
> **2. 使用监控工具**
>
> 利用专门的数据库监控工具，如 Prometheus、Grafana 或其他数据库自带的监控功能，来实时收集和分析性能指标。
>
> **3. 日志分析**
>
> 定期分析数据库日志，包括错误日志、警告日志和慢查询日志，以发现潜在的性能问题。

5.7　小结

本章对数据库设计的相关内容进行了介绍。数据库设计是建立和组织数据库系统的过程，首先是需求分析阶段，主要是确定数据库系统的功能需求和性能需求。其次是概念结构设计阶段，通过 E-R 图等工具，将需求转换为概念模型。接着是逻辑结构设计阶段，将概念模型转换为逻辑模型，包括表的设计、关系的建立和约束条件的定义。然后是物理结构设计阶段，包括确定数据库的存储结构、索引策略和物理存储设备的选择，以提高数据库的性能和可靠性。最后是数据库的实施和维护阶段：数据库的实施涉及数据库系统的安装、数据导入和应用程序的集成；数据库的维护包括性能监控、备份和恢复、安全管理和版本升级等工作，以确保数据库系统的稳定运行和持续发展。在整个数据库设计过程中，需遵循的基本原则，包括数据完整性、数据安全性、性能优化和可扩展性。通过对本章的学习，能掌握数据库设计的复杂性，培养数据分析能力、抽象建模能力和实践操作能力。

📑 拓展阅读

1. 董昊文，张超，李国良，等. 云原生数据库综述 [J]. 软件学报，2024，35（02）：899-926.

2. 李川，刘洲洲，李美蓉. 基于数据库与物联网技术的智能仓库设计与研究 [J]. 实验室研究与探索，2023，42（06）：131-136.

3. 邱胜海，王云霞，樊树海，等. 云环境下图数据库建模技术及其应用研究 [J]. 计算机应用研究，2016，33（03）：794-797.

4. 胡甜甜，曹旻. 基于本体理论的关系数据库存储模式 [J]. 计算机工程与设计，2014，35（09）：3075-3079.

5. 朱昌平，沈媛，周浩. 高校教学科研一体化团队管理系统的开发 [J]. 实验室研究与探索，2012，31（07）：193-197.

习 题

一、单项选择题

1. 在数据库设计的概念结构设计阶段，以下表示概念结构的常用方法和描述工具的是（   ）。

　　A. 层次分析法和层次结构图　　　　B. 数据流程分析法和数据流程图

　　C. E-R 图　　　　　　　　　　　　D. 结构分析法和模块结构图

2. 在关系数据库设计中，设计关系模式是数据库设计中（   ）阶段的任务。

　　A. 逻辑结构设计　　B. 概念结构设计　　C. 物理结构设计　　D. 需求分析

3. 如何构造出一个合适的数据逻辑结构是（   ）主要解决的问题。

　　A. 物理结构设计　　B. 数据字典　　　　C. 逻辑结构设计　　D. 关系数据库查询

4. 概念结构设计是整个数据库设计的关键，它通过对用户需求进行综合、归纳与抽象，形成一个独立于具体 DBMS 的（   ）。

　　A. 数据模型　　　　B. 概念模型　　　　C. 层次模型　　　　D. 关系模型

5. 在数据库设计中，确定数据库存储结构，即确定关系、索引、聚簇、日志、备份等数据的存储安排和存储结构，这是数据库设计的（   ）。

　　A. 需求分析阶段　　　　　　　　　　B. 逻辑结构设计阶段

　　C. 概念结构设计阶段　　　　　　　　D. 物理结构设计阶段

6. 数据库的物理结构设计完成后，进入数据库的实施阶段，下述工作中，（   ）一般不属于该阶段的工作。

　　A. 建立库结构　　B. 系统调试　　　　C. 加载数据　　　　D. 扩充功能

7. 数据库设计主要可划分为 5 个阶段，每个阶段都有自己的设计内容，"为哪些关系，在哪些属性上建什么样的索引"这一设计内容应该属于（   ）阶段。

　　A. 概念结构设计　　B. 逻辑结构设计　　C. 物理结构设计　　D. 全局设计

8. 在关系数据库设计中，对关系进行规范化处理，使关系达到一定的范式，如达到 3NF，这是（   ）阶段的任务。

　　A. 需求分析　　　　　　　　　　　　B. 概念结构设计

　　C. 物理结构设计　　　　　　　　　　D. 逻辑结构设计

9. 概念模型是现实世界的第一层抽象，这一类最著名的模型是（   ）。

　　A. 层次模型　　　　B. 关系模型　　　　C. 网状模型　　　　D. 实体-关系模型

10. 对实体和实体之间的联系采用同样的数据结构表达的数据模型为（   ）。

　　A. 网状模型　　　　B. 关系模型　　　　C. 层次模型　　　　D. 非关系模型

11. 在概念模型中，客观存在并可相互区别的事物称为（   ）。

　　A. 实体　　　　　　B. 元组　　　　　　C. 属性　　　　　　D. 节点

12. 区分不同实体的依据是（　　　）。

A. 名称　　　　　　　B. 属性　　　　　　　C. 对象　　　　　　　D. 概念

13. 公司有多个部门和多个职员，每个职员只能属于一个部门，一个部门可以有多个职员，从部门到职员的联系类型是（　　　）。

A. 多对多　　　　　　B. 一对一　　　　　　C. 一对多　　　　　　D. 不确定

14. 在关系数据库中，实现实体之间的联系是通过关系与关系之间的（　　　）。

A. 公共索引　　　　　B. 公共存储　　　　　C. 公共元组　　　　　D. 公共属性

15. 数据流程图是用于数据库设计中（　　　）阶段的工具。

A. 概要设计　　　　　B. 可行性分析　　　　C. 程序编码　　　　　D. 需求分析

16. 在数据库设计中，将 E-R 图转换成关系模型的过程属于（　　　）。

A. 需求分析阶段　　　　　　　　　　B. 逻辑结构设计阶段

C. 概念结构设计阶段　　　　　　　　D. 物理结构设计阶段

17. 子模式 DDL 用来描述（　　　）。

A. 数据库的总体逻辑结构　　　　　　B. 数据库的局部逻辑结构

C. 数据库的物理存储结构　　　　　　D. 数据库的概念结构

18. 关系数据库的规范化理论主要解决的问题是（　　　）。

A. 如何构造合适的数据逻辑结构　　　B. 如何构造合适的数据物理结构

C. 如何构造合适的应用程序界面　　　D. 如何控制不同用户的数据操作权限

19. 从 E-R 图导出关系模型时，如果实体间的联系是 $m:n$，则下列说法中正确的是（　　　）。

A. 将 n 端码和联系的属性纳入 m 端的属性

B. 将 m 端码和联系的属性纳入 n 端的属性

C. 增加一个关系表示联系，其中纳入 m 端和 n 端的码

D. 在 m 端属性和 n 端属性中均增加一个表示级别的属性

20. 在 E-R 图中，如果有 3 个不同的实体型、3 个 $m:n$ 联系，根据 E-R 图转换为关系模型的规则，转换为关系的数目是（　　　）。

A. 4　　　　　　　　　B. 5　　　　　　　　　C. 6　　　　　　　　　D. 7

二、设计题

1. 某医院病房计算机管理系统中需要如下信息：

科室：科名，科地址，科电话

病房：科名，病房号，床位号

医生：工作证号，姓名，职称，年龄，科名

病人：病历号，姓名，性别，工作证号，病房号

其中，一个科室有多个病房、多个医生，一个病房只能属于一个科室，一个医生只属于一个科室，但可负责多个病人的诊治，一个病人的主管医生只有一个。

完成如下设计：

（1）绘制医院病房该计算机管理系统的 E-R 图；

（2）将该 E-R 图转换为关系模型（关系模式的主码用下划线表示）。

2. 学校有若干个系，每个系有若干个班级和教研室，每个教研室有若干个教员，其中

有的教授和副教授每人各带若干个研究生，每个班有若干个学生，每个学生选修若干门课程，每门课程有若干个学生选修。请设计：

（1）关于此学校数据库的 E-R 图；

（2）把该 E-R 图转换为关系模型（关系模式的主码用下划线表示）。

三、简答题

1. 简述数据库设计的过程。

2. 简述数据库设计过程中形成的数据库模式。

3. 简述数据库设计的特点。

4. 需求分析阶段的设计目标是什么？

5. 数据字典的内容和作用是什么？

6. 什么是数据库的概念结构？

7. 简述数据库的物理结构设计的内容和步骤。

习题答案

在数据库操作中，事务管理至关重要，它确保了一系列操作的原子性、一致性、隔离性和持久性。本章我们将深入探讨事务的基本概念、管理方法及并发控制策略。在学习过程中，我们可能会遇到如何确保事务的正确执行、避免数据冲突等问题。同时，我们要了解事务管理在电商平台交易等实际应用中的重要性。通过学习本章，我们将更加明白责任、精确和严谨在数据库操作中的关键作用，培养专注、细致和精益求精的专业精神。

第6章

事务管理

【学习目标】

（1）理解事务的特性和重要性，包括原子性、一致性、隔离性和持久性，以及事务对数据库系统的影响。

（2）掌握事务并发问题的基本概念，包括丢失修改、脏读、不可重复读等，并能够分析和解决这些问题。

（3）理解并掌握事务管理和并发控制的基本原理和技术，包括事务的开始、提交和回滚操作，以及封锁、多版本并发控制和时间戳等并发控制技术的应用。

【学习难点】

（1）理解事务的隔离级别和并发问题，以及在并发执行时可能出现的问题，如丢失修改、脏读、不可重复读等。

（2）掌握并发控制技术，如封锁机制、多版本并发控制和时间戳等，以及这些技术在实际应用中的复杂性和差异。

（3）在实际的数据库并发场景中分析并发问题，并选择合适的并发控制策略来解决这些问题。

【素养目标】

（1）通过学习事务管理和并发控制，培养分析并发问题并选择合适的解决方案的能力，提高解决问题的能力。

（2）在实际的数据库并发场景中理解多个事务之间的相互影响，培养团队协作和沟通能力，以便在多人合作的情况下有效地管理并发问题。

（3）理解并掌握多种并发控制技术，培养创新思维，能够在实际情况下灵活运用所学知识，提出创新的并发控制解决方案。

（4）理解事务对数据库系统的重要性，培养对数据完整性和一致性的责任心，以及对数据库管理的专业素养，能够设计和实现高效、可靠的数据库系统。

6.1　事务的基本概念

事务是数据库操作的最小逻辑单元，可以由一个或多个数据库操作组成，这些操作要么全部执行成功，要么全部不执行，不会出现部分执行的情况。

事务和程序是两个概念：在关系数据库中，一个事务可以是一条 SQL 语句、一组 SQL 语句或整个程序；一个程序通常包含多个事务。

事务是恢复和并发控制的基本单位。

事务是数据库管理系统（DBMS）中的一个重要概念，用于确保数据库操作的原子性、一致性、隔离性和持久性，通常用于管理对数据库的更新操作。

定义事务有以下两种方式。

（1）显式方式。

```
BEGIN TRANSACTION
    SQL 语句 1
    SQL 语句 2
    ...
COMMIT/ ROLLBACK
```

注意：

①COMMIT——事务正常结束，提交事务的所有操作（读+更新），事务中所有对数据库的更新写回到磁盘上的物理数据库中。

②ROLLBACK——事务异常终止，事务运行的过程中发生了故障，不能继续执行，系统将事务中对数据库的所有已完成的操作全部撤销，事务回滚到开始前的状态。

（2）隐式方式。

当用户没有显式定义事务时，DBMS 按默认规定自动划分事务。

6.1.1　事务的特性

事务具有 4 个特性：原子性（Atomicity）、一致性（Consistency）、隔离性（Isolation）、持久性（Durability）。这 4 个特性简称为 ACID 特性。

1. 原子性

原子性指事务是不可分割的工作单元，要么全部执行成功，要么全部不执行。如果一个事务中的任何一个操作失败，那么整个事务都将失败，并且数据库状态会回滚到事务开始前的状态。

例如，一个银行转账操作，从一个账户扣除一定金额并存入另一个账户。如果扣除金额成功但存入失败，那么整个操作应该被回滚，确保资金的一致性。

2. 一致性

一致性指事务执行前、后，数据库的完整性约束没有被破坏。即使在并发环境下，事务执行的结果也必须使数据库从一个一致性状态转移到另一个一致性状态。

例如，在购买商品时，从库存中减少商品数量的操作必须确保库存不会变为负数，以维持库存数据的一致性。

3. 隔离性

隔离性指一个事务的执行不能被其他事务干扰，即一个事务在执行过程中的数据状态对其他事务是隔离的。隔离性可以防止并发执行的事务相互影响，避免数据不一致的问题。

例如，当一个事务正在修改某个数据行时，其他事务应该被阻塞，直到第一个事务完成。这可以避免脏读、不可重复读和幻读等并发问题。

4. 持久性

持久性指一旦事务提交，其对数据库的修改将是永久性的，即使系统发生故障，修改的数据也不会丢失。

例如，当用户提交订单时，订单信息必须被持久化到数据库中，即使系统在订单提交后发生故障，订单信息也不会丢失。

这些 ACID 特性确保了数据库事务的可靠性和一致性，对于数据的处理和保护至关重要。

案例：考虑一个银行转账操作，包括从一个账户扣款并存入另一个账户。这个操作可以看作一个事务，要么全部执行成功（扣款和存款都成功），要么全部不执行（任何一个操作失败都会导致整个事务回滚）。

分析：在这个案例中，**原子性**确保了扣款和存款操作要么同时成功，要么同时失败；**一致性**确保了转账操作不会破坏账户余额的完整性；**隔离性**确保了转账操作不受其他并发操作的影响；**持久性**确保了转账操作一旦提交，其结果将永久保存在数据库中，即使系统发生故障也不会丢失。

保证事务 ACID 特性是事务处理的任务，破坏事务 ACID 特性的因素主要有以下两个。

（1）多个事务并行运行时，不同事务的操作交叉执行。

DBMS 必须保证多个事务的交叉运行不影响这些事务的隔离性。

（2）事务在运行过程中被强行终止。

DBMS 必须保证被强行终止的事务对数据库和其他事务没有任何影响。

6.1.2　事务的并发问题

现代应用程序通常需要支持多用户同时访问和操作数据库，如网站、电子商务系统、在线银行等。为了满足多用户同时访问的需求，数据库需要提供并发操作的支持。

数据库的并发操作是指多个用户或应用程序同时访问数据库并执行读取、插入、更新、删除等操作的情况。

并发操作的优势在于可以提高系统的性能和资源利用率，多个用户可以同时访问数据库，加快数据处理的速度。

然而，并发操作也会带来一些问题，常见的有以下几种。

1. 丢失修改

当两个事务同时读取同一数据项，并且同时对其进行修改时，后提交事务的修改可能会覆盖先提交事务的修改，导致数据丢失。

2. 脏读

一个事务读取了另一个事务未提交的数据，而后来的事务可能会对这些数据进行修改或回滚，导致读取到的数据是不一致的。

3. 不可重复读

一个事务在多次读取同一数据项时，由于其他事务的插入或删除操作，导致多次读取的数据不一致。

4. 幻读

一个事务在多次读取同一范围的数据时，由于其他事务的插入或删除操作，导致多次读取的数据条目数量不一致。

这些问题都是并发事务对数据库进行读取和修改操作时，相互干扰或未正确协调所导致的数据不一致性问题。DBMS 需要通过并发控制机制来解决这些问题，确保数据的一致性和完整性。

知识拓展　　　　　　　　　　　　　　　　　　　　>>>

去超市买东西，"一手交钱，一手交货"就是一个事务的例子。事务的体现：交钱和交货必须全部成功，事务才能算成功，任何一个活动失败，整个事务就失败了。事务是由一系列操作组成的工作单元，该工作单元内的操作是不可分割的，即要么所有操作都做，要么所有操作都不做，这就是事务。

理解一：事务可以看作一次大的活动，它由不同的小活动组成，这些活动要么全部成功，要么全部失败。

理解二：事务可以看作一个大的操作，它由一系列操作组成，这些操作要么全部成功，要么全部失败。

数据库事务：在计算机系统中，更多的是通过关系数据库来控制事务，这是利用数据库本身的事务特性来实现的，因此称为数据库事务。

本地事务：由于应用主要靠关系数据库来控制事务，而数据库通常和应用在同一个服务器，所以基于关系数据库的事务又被称为本地事务。

分布式事务：分布式系统会把一个应用系统拆分为可独立部署的多个服务，因此需要服务与服务之间远程协作才能完成事务操作，这种分布式系统环境下由不同的服务之间通过网络协作完成的事务称为分布式事务，如用户注册送积分事务、创建订单减库存事务、银行转账事务。以转账为例说明分布式事务，即张三转账 100 元给李四，具体如下。

（1）本地事务的实现。

```
begin transaction;
    //1. 本地数据库操作：张三减少 100 元。
    //2. 本地数据库操作：李四增加 100 元。
commit transaction;
```

（2）分布式事务的实现。

```
begin transaction；
    //1. 本地数据库操作：张三减少 100 元。
    //2. 远程调用：让李四增加 100 元。
commit transaction；
```

6.2　事务管理的方法

事务管理是数据库系统中非常重要的一部分，主要是为了确保数据库操作的一致性、可靠性和完整性。事务管理的主要目的是保证一组操作要么全部执行成功，要么全部不执行，从而避免数据的不一致性和损坏。事务管理的方法主要包括隔离和加锁两种，它们都是为了解决并发操作可能引发的问题，确保多个事务之间不会相互干扰，从而保证数据的一致性和完整性。

6.2.1　事务的隔离级别

事务的隔离是指数据库系统需要保证每个事务的执行都不会受到其他事务的影响，即每个事务都应该感觉不到其他事务的存在。

数据库系统的隔离级别是指在并发操作中不同事务之间的隔离程度，通常包括 4 种标准的隔离级别，分别是读未提交（Read Uncommitted）、读已提交（Read Committed）、可重复读（Repeatable Read）和串行化（Serializable）。

1. 读未提交

（1）定义：在读未提交隔离级别下，事务可以读取其他事务尚未提交的数据。这意味着事务可能会读取到其他事务正在修改的数据，产生脏读问题。

（2）案例：假设事务 A 正在修改某一行数据，而事务 B 在事务 A 提交之前读取了该行数据，此时事务 B 读取到的数据可能是不一致的，因为事务 A 的修改还未提交。

（3）注意：读未提交隔离级别是最低的隔离级别，它允许事务读取其他事务尚未提交的数据，可能导致数据的不一致性。因此，一般情况下不建议使用这种隔离级别，除非对数据的一致性要求非常低。

2. 读已提交

（1）定义：在读已提交隔离级别下，事务只能读取已经提交的数据，这样可以避免脏读问题。但是在同一个事务中，不同的查询可能会看到不一致的数据，因为其他事务可能在事务开始和结束之间提交了新的数据。

（2）案例：假设事务 A 在查询某一行数据时，事务 B 修改了这一行数据并提交，然后事务 A 再次查询这一行数据，此时可能会看到不一致的结果。

（3）注意：读已提交隔离级别保证了事务不会读取到未提交的数据，避免出现脏读问题，但在同一个事务内部，不同的查询可能会看到不一致的数据。

3. 可重复读

（1）定义：在可重复读隔离级别下，事务在执行期间看到的数据是一致的，即在事务开始时读取的数据不会受到其他事务的影响，即使其他事务对数据进行了修改或删除。

（2）案例：假设事务 A 在查询某一行数据时，事务 B 修改了这一行数据并提交，然后事务 A 再次查询这一行数据，此时也会看到和之前相同的结果，即使事务 B 已经提交了对数据的修改。

（3）注意：可重复读隔离级别保证了事务在执行期间看到的数据是一致的，避免出现脏读和不可重复读问题，但仍然可能出现幻读问题。

4. 串行化

（1）定义：在串行化隔离级别下，事务之间完全隔离，每个事务都好像是在系统中独立运行，因此可以避免出现脏读、不可重复读和幻读等问题。但是串行化隔离级别会对系统的性能产生较大的影响，因为它会导致事务之间的相互等待。

（2）案例：假设事务 A 在查询某一范围的数据时，事务 B 在该范围内插入了新的数据，然后事务 A 再次查询该范围的数据，此时不会看到事务 B 插入的新数据，因为事务 B 的操作被完全隔离。

（3）注意：串行化隔离级别提供了最高的隔离程度，可以避免出现多种并发问题，但同时会导致系统性能下降，因此，在实际应用中需要权衡隔离级别和性能之间的关系。

总的来说，不同的隔离级别提供了不同程度的隔离，开发人员需要根据实际业务需求和性能要求来选择合适的隔离级别。

6.2.2 事务管理的构成

1. 事务的启动与结束

事务管理需要明确事务的起始点和终止点，可以通过特定的语句或命令来实现，如 SQL 中的 BEGIN TRANSACTION 和 COMMIT 或 ROLLBACK，具体示例如下。

（1）启动一个事务：

```
BEGIN TRANSACTION;
```

（2）执行一些数据库操作，如插入、更新或删除记录：

```
INSERT INTO Employees (Name, Position) VALUES (' John Doe', ' Manager' );
UPDATE Employees SET Salary = Salary * 1.10 WHERE EmployeeID = 1;
```

（3）提交事务，表示事务成功完成：

```
COMMIT;
```

（4）回滚事务，撤销从事务开始到当前的所有操作。如果出现错误或需要撤销操作，则执行：

```
ROLLBACK;
```

2. 并发控制

在多用户环境下，为了防止多个事务同时修改同一数据造成数据不一致问题，需要采取并发控制机制。常见的并发控制机制包括锁机制和乐观并发控制等，具体示例如下。

（1）事务 T1：

```
BEGIN TRANSACTION;
UPDATE Accounts SET Balance = Balance - 100 WHERE AccountID = 1;
```

此操作会获取该记录的锁，假设此时 T1 被挂起，等待其他操作。

（2）事务 T2 尝试更新同一条记录：

```
BEGIN TRANSACTION;
UPDATE Accounts SET Balance = Balance + 50 WHERE AccountID = 1;
```

T2 将被阻塞，直到 T1 提交或回滚，T2 将等待锁释放。

（3）当 T1 通过 COMMIT 提交事务后，释放该记录上的锁，此时 T2 可以继续执行并完成其更新操作。

3. 日志记录

为了确保事务的持久性和在系统崩溃时的恢复能力，所有对数据库的修改都会被记录在日志中。这些日志可以在系统出现故障后用于将数据恢复到一致的状态。日志条目示例：

```
（1）Transaction ID: 123
（2）Operation: UPDATE
（3）Table: Employees
（4）Row ID: 5
（5）Old Value: Salary = 50000
（6）New Value: Salary = 55000
（7）Timestamp: 2023- 04- 01 10:00:00
```

4. 事务的恢复

在系统出现故障或其他原因导致事务非正常终止时，可以利用日志文件来恢复数据到事务开始之前的状态，或者将未完成的事务重新执行到提交点，具体示例如下。

（1）系统检测到事务 ID 为 123 的事务未完成（因为系统崩溃）。

（2）使用日志文件来回滚该事务的更改：

```
ROLLBACK TRANSACTION 123;
```

这将撤销事务 ID 为 123 的所有更改，将数据恢复到事务开始之前的状态。

5. 死锁检测与解决

当两个或多个事务相互等待对方释放资源时，会发生死锁问题。事务管理系统需要能够检测到这种情况，并采取适当的策略来解决死锁，如回滚其中一个事务以打破死锁状态，具体示例如下。

（1）事务 T1 锁定了资源 A，并尝试获取资源 B：

```
LOCK ResourceA;
```

（2）事物 T1 尝试获取资源 B，但被事务 T2 锁定。

（3）同时，事务 T2 锁定了资源 B，并尝试获取资源 A：

LOCK ResourceB;

（4）事物 T2 尝试获取资源 A，但被事物 T1 锁定。

此时发生死锁，DBMS 检测到这种情况，解决死锁的一种方法是回滚其中一个事务，例如回滚 T1（ROLLBACK TRANSACTION T1;），释放资源 A 的锁，允许 T2 继续执行。

在实际的 DBMS 中，死锁检测和解决策略可能更加复杂，可能涉及自动检测、超时机制、优先级调度等。

知识拓展 >>>

在数据库管理系统中，为了确保数据的一致性和完整性，需要关注常见的并发异常、隔离级别及它们的实现机制。这些概念对于理解和处理多线程环境中的数据访问至关重要。

1. 常见的并发异常

（1）第一类丢失更新：某一个事务的回滚导致另外一个事务已更新的数据丢失了。

（2）第二类丢失更新：某一个事务的提交导致另外一个事务已更新的数据丢失了。

（3）脏读：某一个事务读取了另外一个事务未提交的数据。

（4）不可重复读：某一个事务对同一数据前、后读取的结果不一致。

（5）幻读：某一个事务对同一张表前、后查询到的行数不一致。

2. 常见的隔离级别

（1）Read Uncommitted：读取未提交的数据（最低的级别）。

（2）Read Committed：读取已提交的数据（可选）。

（3）Repeatable Read：可重复读（可选）。

（4）Serializable：串行化（级别最高，能解决所有问题，会降低数据库性能）。

3. 实现机制

（1）悲观锁（数据库）。

①共享锁（简记为 S 锁）：事务 A 对某数据加了共享锁后，其他事务只能对该数据加共享锁，不能加排他锁。

②排他锁（简记为 X 锁）：事务 A 对某数据加了排他锁后，其他事务对该数据既不能加共享锁，也不能加排他锁。

（2）乐观锁（自定义）。

版本号、时间戳等：在更新数据前，检查版本号是否发生变化。若变化，则取消本次更新；否则就更新数据（版本号+1）。

6.3 并发控制

常见的数据库系统一般都是多用户系统，即允许多个用户同时使用的数据库系统，如飞机订票数据库系统、银行数据库系统等，这些数据库系统的特点是在同一时刻并发运行的事务数可达成百上千个。

事务并发执行往往带来一些操作问题，例如，会产生多个事务同时存取同一数据的情况、可能会存取和存储不正确的数据、破坏事务的隔离性和数据库的一致性等。

一个 DBMS 必须提供并发控制机制，并发控制是衡量一个 DBMS 性能的重要标志之一。

6.3.1　并发控制概述

事务是并发控制的基本单位，并发控制机制的任务包括：对并发操作进行正确调度；保证事务的隔离性；保证数据库的一致性。

并发操作可能会带来数据的不一致性，下面是一个具体的例子。

【例 6.1】　火车售票系统中的一个活动序列：

①甲售票点（事务 T1）读出某车次的车票余额 A，设 A = 10；

②乙售票点（事务 T2）读出同一车次的车票余额 A，A 也为 10；

③甲售票点卖出一张车票，修改余额 A←A−1，所以 A = 9，把 A 写回数据库；

④乙售票点也卖出一张车票，修改余额 A←A−1，所以 A = 9，把 A 写回数据库。

结果明明卖出两张车票，数据库中的车票余额只减少 1。

这种情况称为数据库的不一致性，是由并发操作引起的。在并发操作情况下，对 T1、T2 两个事务的操作序列的调度是随机的。若按上面的调度序列执行，那么事务 T1 的修改就被丢失。其原因：步骤④中事务 T2 修改 A 并写回数据库后覆盖了事务 T1 的修改。

并发操作带来的数据的不一致性包括以下几种类型：丢失修改、不可重复读、脏读。

为了更好地分析并发操作，给出两个记号：R(x) 表示读数据 x；W(x) 表示写数据 x。

1. 丢失修改

两个事务 T1 和 T2 读入同一数据并修改，T2 提交的结果破坏了 T1 提交的结果，导致 T1 的修改被丢失。上面火车售票系统的例子就属于此类，如表 6.1 所示。

表 6.1　丢失修改

时刻	T1	T2
①	R(A) = 10	
②		R(A) = 10
③	A←A−1 W(A) = 9	
④		A←A−1 W(A) = 9

2. 不可重复读

不可重复读是指事务 T1 读取数据后，事务 T2 执行更新操作，使 T1 无法再现前一次的读取结果。不可重复读包括以下 3 种情况。

（1）事务 T1 读取某一数据后，事务 T2 对其做了修改，当 T1 再次读取该数据时，得到与前一次不同的值，如表 6.2 所示。

表 6.2　不可重复读（修改）

时刻	T1	T2
①	R(A) = 8 R(B) = 4 求和 = 12	

续表

时刻	T1	T2
②		R（B）= 4 B←B−2 W（B）= 2
③	R（A）= 8 R（B）= 2 求和 = 10 验算出错	

（2）事务 T1 按一定条件从数据库中读取了某些数据记录后，事务 T2 删除了其中的部分记录，当 T1 再次按相同条件读取数据时，发现某些记录神秘地消失了，如表 6.3 所示。

表 6.3　不可重复读（删除）

时刻	T1	T2
①	查询 CS 系学生： 2301 2302	
②		删除学号为 2302 的记录
③	查询 CS 系学生： 2301 记录 2302 消失	

（3）事务 T1 按一定条件从数据库中读取某些数据记录后，事务 T2 插入了一些记录，当 T1 再次按相同条件读取数据时，发现多了一些记录，如表 6.4 所示。

表 6.4　不可重复读（插入）

时刻	T1	T2
①	查询 MA 系学生： 2305	
②		插入学号为 2306、MA 系的学生
③	查询 MA 系学生： 2305 2306 多了一条记录	

后两种不可重复读有时也称为幻读。

3. 脏读

脏读是指事务 T1 修改某一数据并将其写回磁盘，事务 T2 读取同一数据后，T1 由于某种原因被撤销，这时 T1 已修改过的数据恢复原值，T2 读取到的数据就与数据库中的数据不一致，T2 读取到的数据就为"脏"数据，即不正确的数据，如表 6.5 所示。

表 6.5　脏读

时刻	T1	T2
①	R(A)= 20 A←A/2 W(A)= 10	
②		R(A)= 10
③	ROLLBACK A 恢复为 20	

以上几种数据不一致性的现象，是由于并发操作破坏了事务的隔离性。并发控制就是要用正确的方式调度并发操作，使一个用户事务的执行不受其他事务的干扰，从而避免造成数据的不一致性。

对数据库的应用有时允许某些不一致性。例如，有些统计工作涉及的数据量很大，读到一些"脏"数据对统计精度没什么影响，可以降低对一致性的要求以减少系统开销。并发控制的主要技术包括：封锁（Locking）、时间戳（Timestamp）、乐观控制法、多版本并发控制（Multi-Version ConcurrenCy Control，MVCC）等。

6.3.2　封锁

1. 什么是封锁

封锁就是事务 T 在对某个数据对象（如表、记录等）进行操作之前，先向系统发出请求，对其加锁，加锁后事务 T 就对该数据对象有了一定的控制，在事务 T 释放它的锁之前，其他的事务不能更新此数据对象。封锁是实现并发控制的一种非常重要的技术。

2. 基本封锁类型

一个事务对某个数据对象加锁后究竟拥有什么样的控制由封锁的类型决定。基本封锁类型包括：排他锁、共享锁。

（1）排他锁。

排他锁又称写锁。若事务 T 对数据对象 A 加上 X 锁，则只允许 T 读取和修改 A，其他任何事务都不能再对 A 加任何类型的锁，直到 T 释放 A 上的 X 锁。排他锁保证了其他事务在 T 释放 A 上的锁之前不能再读取和修改 A。

（2）共享锁。

共享锁又称读锁。若事务 T 对数据对象 A 加上 S 锁，则 T 可以读 A 但不能修改 A，其他事务只能再对 A 加 S 锁，而不能加 X 锁，直到 T 释放 A 上的 S 锁。共享锁保证了其他事务可以读 A，但在 T 释放 A 上的 S 锁之前不能对 A 做任何修改。

3. 锁的相容矩阵

排他锁和共享锁的控制方式可以用锁的相容矩阵来展示，如表 6.6 所示。

表6.6　锁的相容矩阵（Y＝Yes，相容的请求；N＝No，不相容的请求）

T1	T2		
	X 锁	S 锁	—
X 锁	N	N	Y
S 锁	N	Y	Y
—	Y	Y	Y

在锁的相容矩阵中，最左边一列表示事务 T1 已经获得的数据对象上的锁的类型，其中横线表示没有加锁。第二行表示另一事务 T2 对同一数据对象发出的封锁请求。T2 的封锁请求能否被满足用矩阵中的 Y 和 N 表示，Y 表示 T2 的封锁请求与 T1 已持有的锁相容，封锁请求可以满足；N 表示 T2 的封锁请求与 T1 已持有的锁冲突，T2 的请求被拒绝。

6.3.3　封锁协议

1. 什么是封锁协议

在运用 X 锁和 S 锁对数据对象加锁时，需要约定一些规则，这些规则称为封锁协议。封锁协议规定了事务何时申请 X 锁或 S 锁、持锁时间、何时释放锁。

对封锁方式规定不同的规则，就形成了各种不同的封锁协议，它们分别在不同程度上为并发操作的正确调度提供一定的保证。

2. 常用的封锁协议

（1）一级封锁协议。

一级封锁协议是指事务 T 在修改数据对象 R 之前必须先对其加 X 锁，直到事务结束才释放。事务结束包括正常结束（COMMIT）、非正常结束（ROLLBACK）。

一级封锁协议可防止丢失修改，并保证事务 T 是可恢复的。在一级封锁协议中，如果仅仅是读数据而不对其进行修改，那么是不需要加锁的，所以它不能保证可重复读和不读"脏"数据。

示例：如表6.7所示，事务 T1 在对数据对象 A 进行修改之前先对 A 加 X 锁，当事物 T2 再次请求对 A 加 X 锁时被拒绝，T2 只能等待 T1 释放 A 上的锁后才能获得对 A 加的 X 锁，这时 T2 读到的 A 已经是 T1 更新过的值20，T2 按此新的 A 值进行运算，并将结果值 A＝10 写回到磁盘上，避免了丢失 T1 的更新。

表6.7　一级封锁协议（不丢失修改）

时刻	T1	T2
①	Xlock A R(A)＝30	
②		Xlock A 等待

时刻	T1	T2
③	A←A−10 W(A)= 20 Commit Unlock A	等待 等待 等待 等待
④		获得 Xlock A R(A)= 20 A←A/2 W(A)= 10 Commit Unlock A

（2）二级封锁协议。

二级封锁协议是指在一级封锁协议的基础上加上事务 T 在读取数据对象 R 之前必须先对其加 S 锁，读完后即可释放 S 锁。

二级封锁协议可以防止丢失修改和脏读。在二级封锁协议中，因为读完数据后即可释放 S 锁，所以它不能保证可重复读。

示例：如表 6.8 所示，事务 T1 在对数据对象 C 进行修改之前，先对 C 加 X 锁，修改其值后写回磁盘，事物 T2 请求在 C 上加 S 锁，因 T1 已在 C 上加了 X 锁，所以 T2 只能等待，T1 因某种原因被撤销，C 恢复为原值 10，T1 释放 C 上的 X 锁后 T2 获得 C 上的 S 锁，读 C = 10，避免了 T2 读"脏"数据。

表 6.8　二级封锁协议（不读"脏"数据）

时刻	T1	T2
①	Xlock C R(C)= 10 C←C * 2 W(C)= 20	
②		Slock C 等待
③	ROLLBACK （C 恢复为 10） Unlock C	等待 等待 等待
④		获得 Slock C R(C)= 10 Commit C Unlock C

（3）三级封锁协议。

三级封锁协议是指在一级封锁协议的基础上加上事务 T 在读取数据对象 R 之前必须先对其加 S 锁，直到事务结束才释放。

三级封锁协议可防止丢失修改、脏读和不可重复读。

示例：如表 6.9 所示，事务 T1 在读数据对象 A、B 之前，先对 A、B 加 S 锁，其他事务只能再对 A、B 加 S 锁，而不能加 X 锁，即其他事务只能读 A、B，而不能修改，当事物 T2 为修改 B 而申请对 B 的 X 锁时被拒绝，只能等待 T1 释放 B 上的锁，T1 为验算再读 A、B，这时读出的 B 仍是 10，求和结果仍为 15，即可重复读，T1 结束释放 A、B 上的 S 锁，T2 才获得对 B 加的 X 锁。

表 6.9　三级封锁协议（可重复读）

时刻	T1	T2
①	Slock A Slock B R（A）= 5 R（B）= 10 求和 = 15	
②		Xlock B 等待
③	R（A）= 5 R（B）= 10 求和 = 15 Commit Unlock A Unlock B	等待 等待 等待 等待 等待 等待
④		获得 Xlock B R（B）= 10 B←B＊2 W（B）= 20 Commit Unlock B

3. 封锁协议小结

三种协议的主要区别体现在：什么操作需要申请封锁及何时释放锁（即持锁时间）；不同的封锁协议使事务达到的一致性的级别不同，封锁协议的级别越高，一致性程度越高。不同级别的封锁协议和一致性保证如表 6.10 所示。

表 6.10　不同级别的封锁协议和一致性保证

协议	X 锁		S 锁		一致性保证		
	操作结束释放	事务结束释放	操作结束释放	事务结束释放	不丢失修改	不读"脏"数据	可重复读
一级封锁协议		√			√		
二级封锁协议		√	√		√	√	
三级封锁协议		√		√	√	√	√

6.3.4　活锁和死锁

封锁技术可以有效地解决并行操作引发的数据不一致性问题，但也带来了一些新的问题：活锁、死锁。

1. 活锁

事务 T1 封锁了数据对象 R，事务 T2 又请求封锁 R，于是 T2 等待。事物 T3 也请求封锁 R，当 T1 释放了 R 上的封锁之后系统首先响应了 T3 的请求，T2 仍然等待。事物 T4 又请求封锁 R，当 T3 释放了 R 上的封锁之后系统又响应了 T4 的请求……，T2 有可能永远等待，这就是活锁的情形，如表 6.11 所示。

表 6.11　活锁

时刻	T1	T2	T3	T4
①	Lock R			
②		Lock R		
③		等待	Lock R	
④		等待	等待	Lock R
⑤	Unlock R	等待	等待	等待
⑥		等待	Lock R	等待
⑦		等待		等待
⑧		等待	Unlock R	等待
⑨		等待		Lock R
⑩		等待		

避免活锁：采用先来先服务的策略。当多个事务请求封锁同一数据对象时，按请求封锁的先后次序对这些事务进行排队，该数据对象上的锁一旦释放，首先批准申请队列中第一个事务获得锁。

2. 死锁

事务 T1 封锁了数据对象 R1，事物 T2 封锁了数据事物 R2，T1 又请求封锁 R2，因 T2 已封锁了 R2，所以 T1 等待 T2 释放 R2 上的锁，接着 T2 又申请封锁 R1，因 T1 已封锁了 R1，所以 T2 也只能等待 T1 释放 R1 上的锁，这样 T1 在等待 T2，而 T2 又在等待 T1，T1 和 T2 两个事务永远不能结束，形成死锁，如表 6.12 所示。

表 6.12　死锁

时刻	T1	T2
①	Lock R1	
②		Lock R2
③	Lock R2 等待	
④	等待	
⑤	等待	Lock R1 等待
⑥	等待	等待

避免死锁的方法主要有以下几种。

（1）死锁的预防。

产生死锁的原因是两个或多个事务都已封锁了一些数据对象，然后又都请求已被其他事务封锁的数据对象加锁，从而出现死等待。预防死锁的发生就是要破坏产生死锁的条件。预防死锁的方法主要有以下几种。

①一次封锁法。

一次封锁法要求每个事务必须一次将所有要使用的数据全部加锁，否则就不能继续执行。一次封锁法存在的问题：降低系统并发度，难于事先精确确定封锁对象。数据库中的数据是不断变化的，原来不要求封锁的数据，在执行过程中可能会变成封锁对象，所以很难事先精确地确定每个事务所要封锁的数据对象。解决方法：将事务在执行过程中可能要封锁的数据对象全部加锁，这就进一步降低了并发度。

②顺序封锁法。

顺序封锁法是预先对数据对象规定一个封锁顺序，所有事务都按这个顺序实行封锁。顺序封锁法存在的问题：维护成本高。数据库系统中封锁的数据对象极多，并且随数据的插入、删除等操作而不断地变化，要维护这样的资源封锁顺序非常困难，成本很高，难以实现。事务的封锁请求可以随着事务的执行而动态地决定，很难事先确定每一个事务要封锁哪些数据对象，因此也就很难按规定的顺序去施加封锁。

结论：在操作系统中广为采用的预防死锁的策略并不太适合数据库的特点，DBMS 在解决死锁的问题上普遍采用的是诊断并解除死锁的方法。

（2）死锁的诊断与解除。

①超时法。

如果一个事务的等待时间超过了规定的时限，那么就认为发生了死锁。超时法的优点是实现简单；缺点是有可能误判死锁，若时限设置得太长，则死锁发生后不能被及时发现。

②等待图法。

事务等待图可动态反映所有事务的等待情况。事务等待图是一个有向图 G = (T, U)，T

为节点集合，每个节点表示正在运行的事务，U 为边的集合，每条边表示事务等待情况，若 T1 等待 T2，则在 T1、T2 之间画一条有向边，从 T1 指向 T2。事务等待图示例如图 6.1 所示。

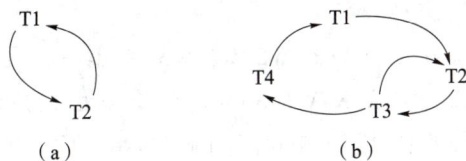

图 6.1　事务等待图示例

（a）简单的事务等待图；（b）复杂的事务等待图

在图 6.1（a）中，事务 T1 等待事物 T2，T2 等待 T1，产生了死锁。

在图 6.1（b）中，事务 T1 等待事物 T2，T2 等待事物 T3，T3 等待事物 T4，T4 又等待 T1，产生了死锁。

在图 6.1（b）中，事务 T3 还等待 T2，在大回路中又有小回路

并发控制子系统周期性地（如每隔数秒）生成事务等待图，检测事务。如果发现图中存在回路，则表示系统中出现了死锁。

解除死锁：选择一个处理死锁代价最小的事务，将其撤销，释放此事务持有的所有锁，使其他事务能继续运行下去。

6.3.5　并发调度的可串行性

DBMS 对并发事务进行不同的调度可能会产生不同的结果，串行调度是正确的，其执行结果等价于串行调度的调度也是正确的，称为**可串行化调度**。

1. 可串行化调度

可串行化调度：多个事务的并发执行是正确的，当且仅当其执行结果与按某一次序串行地执行这些事务时的结果相同。

可串行性，是并发事务正确调度的准则，一个给定的并发调度，当且仅当它是可串行化的，才认为是正确调度。

2. 冲突可串行化调度

（1）冲突可串行化：一个比可串行化更严格的条件，常常被商用系统中的调度器所采用。

（2）冲突操作：指不同的事务对同一数据对象的读写操作和写写操作。例如：

$R_i(x)$ 与 $W_j(x)$	/* 事务 T_i 读 x，T_j 写 x，其中 $i \neq j$*/
$W_i(x)$ 与 $W_j(x)$	/* 事务 T_i 写 x，T_j 写 x，其中 $i \neq j$*/

这两种操作就是冲突操作，除此之外的其他操作是不冲突操作。

（3）不能交换的动作：同一事务的两个操作、不同事务的冲突操作，是不能交换执行顺序的。

（4）一个调度 Sc 在保证冲突操作的次序不变的情况下，通过交换两个事务不冲突操作的次序得到另一个调度 Sc′，如果 Sc′ 是串行的，则称调度 Sc 是**冲突可串行化调度**；若一个调度是冲突可串行化调度，则它一定是可串行化调度，可用这种方法判断一个调度是否是冲突可串行化的。冲突可串行化调度是可串行化调度的充分条件，不是必要条件，即还有不满

足冲突可串行化条件的可串行化调度。

【例6.2】 有3个事务：T1＝W1(Y)W1(X)；T2＝W2(Y)W2(X)；T3＝W3(X)。针对这3个事务有以下两个调度。

（1）调度 L1＝W1(Y)W1(X)W2(Y)W2(X) W3(X)是一个可串行化调度。

（2）调度 L2＝W1(Y)W2(Y)W2(X)W1(X)W3(X)不满足冲突可串行化条件，但是调度 L2 是可串行化的，因为 L2 执行的结果与 L1 相同，Y 的值都等于 T2 的值，X 的值都等于 T3 的值。

6.3.6 两段锁协议

DBMS 普遍采用两段锁协议的方法实现并发调度的可串行性，从而保证调度的正确性。

两段锁协议指所有事务必须分两个阶段对数据项加锁和解锁，在对任何数据对象进行读写操作之前，事务首先要获得对该数据对象的封锁。在释放一个封锁之后，事务不再申请和获得任何其他封锁。

在"两段锁协议"中，事务操作分为以下两个阶段。

（1）第一个阶段是获得封锁，也称为**扩展阶段**，事务可以申请获得任何数据项上的任何类型的锁，但是不能释放任何锁。

（2）第二个阶段是释放封锁，也称为**收缩阶段**，事务可以释放任何数据项上的任何类型的锁，但是不能再申请任何锁。

【例6.3】 有两个事务 Ti 和 Tj，其中，事务 Ti 遵守两段锁协议，其封锁序列如表 6.13 所示；事务 Tj 不遵守两段锁协议，其封锁序列如表 6.14 所示。

表 6.13　Ti 的封锁序列

时刻	①	②	③	④	⑤	⑥
操作	Slock A	Slock B	Xlock C	Unlock B	Unlock A	Unlock C
阶段	扩展阶段			收缩阶段		

表 6.14　Tj 的封锁序列

时刻	①	②	③	④	⑤	⑥
操作	Slock A	Unlock A	Slock B	Xlock C	Unlock C	Unlock B
阶段	扩展阶段			收缩阶段		

事务遵守两段锁协议是可串行化调度的充分条件，而不是必要条件。若并发事务都遵守两段锁协议，则对这些事务的任何并发调度策略都是可串行化的；若并发事务的一个调度是可串行化的，则不一定所有事务都遵守两段锁协议。

两段锁协议与预防死锁的一次封锁法之间的区别如下。

（1）一次封锁法要求每个事务必须一次将所有要使用的数据对象全部加锁，否则就不能继续执行，因此一次封锁法遵守两段锁协议。

（2）两段锁协议并不要求事务必须一次将所有要使用的数据对象全部加锁，因此遵守两段锁协议的事务可能发生死锁。

6.3.7　封锁粒度

1. 封锁粒度概述

封锁对象的大小称为**封锁粒度**。

封锁的对象包括逻辑单元、物理单元。

例如，在关系数据库中，封锁对象包括属性值、属性值集合、元组、关系、索引项、整个索引、整个数据库等逻辑单元和页（数据页或索引页）、物理记录等物理单元。

封锁粒度与系统的并发度和并发控制的开销密切相关。封锁粒度越大，数据库所能封锁的数据单元就越少，并发度就越小，系统开销也就越小；封锁粒度越小，并发度就较高，但系统开销也就越大，具体示例如下。

（1）若封锁粒度是数据页（包含多个元组），事务 T1 需要修改元组 L1，则 T1 必须对包含 L1 的整个数据页 A 加锁。如果 T1 对 A 加锁后事务 T2 要修改 A 中的元组 L2，则 T2 被迫等待，直到 T1 释放 A。

（2）若封锁粒度是元组，则 T1 和 T2 可以同时对 L1 和 L2 加锁，不需要互相等待，提高了系统的并行度。

（3）若事务 T 需要读取整张表，而封锁粒度是元组，则 T 必须对表中的每一个元组加锁，开销极大。

2. 多粒度封锁

在一个系统中，同时支持多种封锁粒度供不同的事务选择，常见的封锁粒度有数据库、关系元组。如何选择封锁粒度？可同时考虑封锁开销和并发度两个因素，适当选择封锁粒度。

（1）需要处理多个关系的大量元组的用户事务：以数据库为封锁粒度。

（2）需要处理大量元组的用户事务：以关系为封锁粒度。

（3）只处理少量元组的用户事务：以元组为封锁粒度。

3. 多粒度树

在数据库系统中，通常用树形结构来表示多级封锁粒度，其中，根节点是整个数据库，表示最大的数据粒度，叶子节点表示最小的数据粒度。

例如，一棵三级粒度树，根节点为数据库，数据库的子节点为关系，关系的子节点为元组，如图 6.2 所示。

允许多粒度树中的每个节点被独立地加锁，对一个节点加锁意味着这个节点的所有后裔节点也被加以同样类型的锁。在多粒度封锁中，一个数据对象可能以两种方式封锁：显式封锁和隐式封锁。

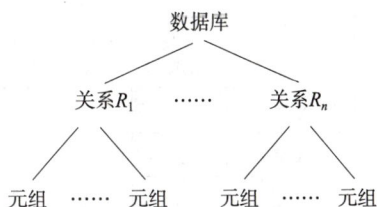

图 6.2　三级粒度树

（1）显式封锁：直接加到数据对象上的封锁。

（2）隐式封锁：该数据对象没有被独立加锁，但由于其上级节点加锁而使该数据对象加上了锁。

显式封锁和隐式封锁的效果是一样的。系统检查封锁冲突时，不仅要检查显式封锁，还要检查隐式封锁。对某个数据对象加锁，系统要检查该数据对象有无显式封锁与之冲突；检查该数据对象的所有上级节点有无隐式封锁与之冲突，即上级节点是否已加了冲突封锁；检查该数据对象的所有下级节点有无隐式封锁与之冲突，即下级节点是否已加了冲突封锁。

例如，事务 T 要对关系 R_1 加 X 锁，系统必须搜索上级节点数据库、关系 R_1、R_1 的下级节点，即 R_1 中的每一个元组。如果其中某一个数据对象已经加了不相容锁，则 T 必须等待。

4. 意向锁

多粒度树的显式封锁和隐式封锁的检查效率很低，因此引进了一种新型锁，称为**意向锁**。有了意向锁后，DBMS 就无须逐个检查下一级节点的显式封锁，从而提高对某个数据对象加锁时系统的检查效率。

如果对一个节点加意向锁，则说明该节点的下层节点正在被加锁，对任一节点加基本锁，必须先对它的上层节点加意向锁。

例如，对任意一个元组加锁时，必须先对它所在的数据库和关系加意向锁。意向锁有以下 3 种类型。

（1）意向共享锁（简称 IS 锁）。

如果对一个数据对象加 IS 锁，则表示它的后裔节点拟（意向）加 S 锁。例如，事务 T1 要对关系 R_1 中的某个元组加 S 锁，则要首先对关系 R_1 和数据库加 IS 锁。

（2）意向排他锁（简称 IX 锁）。

如果对一个数据对象加 IX 锁，则表示它的后裔节点拟（意向）加 X 锁。例如，事务 T1 要对关系 R_1 中的某个元组加 X 锁，则要首先对关系 R_1 和数据库加 IX 锁。

（3）共享意向排他锁（简称 SIX 锁）。

如果对一个数据对象加 SIX 锁，则表示先对它加 S 锁，再加 IX 锁，即 SIX＝S＋IX。例如，对某张表加 SIX 锁，则表示该事务要读整个表（所以要对该表加 S 锁），同时会更新个别元组（所以要对该表加 IX 锁）。

加上意向锁后，就有了 5 种类型的锁，它们之间的相容矩阵如图 6.3（a）所示。

5. 锁的强度

锁的强度是指它对其他锁的排斥程度。一个事务在申请封锁时以强锁代替弱锁是安全的，反之则不然。锁的强度的偏序关系如图 6.3（b）所示。具有意向锁的多粒度封锁方法：申请封锁时应该按自上而下的次序进行，释放封锁时则应该按自下而上的次序进行。

T1	T2					
	S锁	X锁	IS锁	IX锁	SIX锁	—
S锁	Y	N	Y	N	N	Y
X锁	N	N	N	N	N	Y
IS锁	Y	N	Y	Y	Y	Y
IX锁	N	N	Y	Y	N	Y
SIX锁	N	N	Y	N	N	Y
—	Y	Y	Y	Y	Y	Y

注：Y=Yes，表示相容的请求；N=No，表示不相容的请求。

（a）

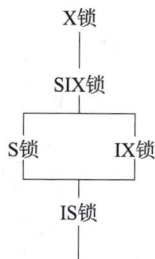

（b）

图 6.3　5 种锁的相容矩阵和偏序关系

（a）数据锁的相容矩阵；（b）锁的强度的偏序关系

例如，事务 T1 要对关系 R_1 加 S 锁，应首先对数据库加 IS 锁，检查数据库和 R_1 中是否已加了不相容的锁（X 或 IX 锁），不再需要搜索和检查 R_1 中的元组是否加了不相容的锁（X 锁）。具有意向锁的多粒度封锁方法提高了系统的并发度，减少了加锁和解锁的开销，在实际的 DBMS 产品中得到广泛应用。

知识拓展 >>>

一般处理并发问题时的步骤如下。

（1）开启事务。

（2）申请写权限，也就是给数据对象（表或记录）加锁。

（3）假如加锁失败，则结束事务，过一会重试。

（4）假如加锁成功，也就是给数据对象加锁成功，则防止其他用户再用同样的方式打开。

（5）进行编辑操作。

（6）写入所进行的编辑结果。

（7）假如写入成功，则提交事务，完成操作。

（8）假如写入失败，则回滚事务，取消提交。

（9）步骤（7）和（8）已释放了锁定的数据对象，恢复到操作前的状态。

6.4 小结

本章主要介绍了数据库系统中事务的特性和并发控制相关的内容。首先，介绍了事务的特性（包括原子性、一致性、隔离性和持久性），以及事务对数据库系统的影响。其次，介绍了事务的并发问题，包括丢失修改、脏读、不可重复读等，并介绍了如何分析和解决这些问题。

在事物管理的方法方面，介绍了事务的隔离级别（包括读未提交、读已提交、可重复读和串行化），以及不同隔离级别对并发操作的影响。

在并发控制方面，介绍了封锁的概念和类型，包括共享锁和排他锁，以及封锁对并发控制的作用和影响；介绍了封锁的基本原理和封锁协议，包括两段锁协议，以及活锁和死锁的概念，还包括并发调度的可串行性，以及封锁粒度对并发性能的影响。

拓展阅读

1. 杜立佳，董丽丽，何浩，等. 多数据库事务并发调度算法优化技术研究 [J]. 计算机仿真，2011，28（02）：393-396.

2. 胡国玲，邵志清，赵文瑜. 移动多数据库事务模型及其可串行化事务管理 [J]. 计算机工程，2007（05）：50-52.

3. 曾虹驰，彭鑫，赵文耘. 基于数据库事务的不变式推导 [J]. 计算机科学，2017，44（11）：91-97.

习 题

一、单项选择题

1. 一个事务的执行，要么全部完成，要么全部不做。一个事务中对数据库的所有操作都是一个不可分割的操作序列的属性是（　　）。

A. 原子性　　　　　　　B. 一致性　　　　　C. 独立性　　　　　D. 持久性

2. 表示两个或多个事务可以同时运行而不互相影响的是（　　）。

A. 原子性　　　　　　　B. 一致性　　　　　C. 隔离性　　　　　D. 持久性

3. 事务的持久性是指（　　）。

A. 事务中包括的所有操作要么都做，要么都不做

B. 事务一旦提交，对数据库的改变是永久的

C. 一个事务内部的操作对并发的其他事务是隔离的

D. 事务必须使数据库从一个一致性状态变到另一个一致性状态

4. SQL 中的 COMMIT 语句的主要作用是（　　）。

A. 结束程序　　　　　B. 返回系统　　　　C. 提交事务　　　　D. 存储数据

5. SQL 中用（　　）语句实现事务的回滚。

A. CREATE TABLE　　　　　　　　B. ROLLBACK

C. GRANT 和 REVOKE　　　　　　　D. COMMIT

6. 解决并发操作带来的数据不一致问题普遍采用（　　）技术。

A. 封锁　　　　　　　B. 存取控制　　　　C. 恢复　　　　　　D. 协商

7. 下列不属于并发操作带来的数据不一致的是（　　）。

A. 丢失修改　　　　　B. 不可重复读　　　C. 死锁　　　　　　D. 脏读

8. DBMS 普遍采用（　　）方法来保证调度的正确性。

A. 索引　　　　　　　B. 授权　　　　　　C. 封锁　　　　　　D. 日志

9. 事务 T 在修改数据对象 R 之前必须先对其加 X 锁，直到事务结束才释放，这是（　　）。

A. 一级封锁协议　　　　　　　　　B. 二级封锁协议

C. 三级封锁协议　　　　　　　　　D. 零级封锁协议

10. 如果事务 T 获得了数据项 Q 上的排他锁，则 T 对 Q（　　）。

A. 只能读不能写　　　　　　　　　B. 只能写不能读

C. 既可读又可写　　　　　　　　　D. 不能读也不能写

11. 设事务 T1 和 T2，对数据库中的数据对象 A 进行操作，可能有以下几种情况，请问哪一种不会发生冲突操作？（　　）

A. T1 正在写 A，T2 要读 A　　　　B. T1 正在写 A，T2 也要写 A

C. T1 正在读 A，T2 要写 A　　　　D. T1 正在读 A，T2 也要读 A

12. 如果有两个事务同时对数据库中的同一数据进行操作，那么不会引起冲突的操作是（　　）。

A. 一个是 DELETE，一个是 SELECT　　B. 一个是 SELECT，一个是 DELETE

C. 两个都是 UPDATE　　　　　　　　　D. 两个都是 SELECT

二、简答题

1. 什么是事务？

2. 事务应该具有哪些特性？

3. 在数据库中为什么要进行并发控制？并发控制技术能保证事务的哪些特性？

4. 并发操作可能会产生哪几类数据不一致？用什么方法能避免各类不一致的情况？

5. 什么是封锁？基本的封锁类型有几种？试说明它们的含义。

6. 如何用封锁机制保证数据的一致性？

7. 简述活锁的产生原因和解决办法。

8. 什么是死锁？请给出预防死锁的若干方法。

9. 什么样的并发调度是正确的调度？

10. 设 T1、T2、T3 是如下的 3 个事务，设 A 的初值为 0。

$$T1：A = A+2$$
$$T2：A = A * 2$$
$$T3：A = A * A$$

（1）若这 3 个事务允许并发执行，则有多少种可能的正确结果，请一一列举出来。

（2）请给出一个可串行化调度，并给出执行结果。

（3）请给出一个非串行化调度，并给出执行结果。

（4）若这 3 个事务都遵守两段锁协议，请给出一个不产生死锁的可串行化调度。

（5）若这 3 个事务都遵守两段锁协议，请给出一个产生死锁的调度。

习题答案

数据库安全是信息时代的核心议题，涉及用户管理、数据加密、视图机制、审计和监控及数据备份和恢复等关键方面。本章我们将面临如何确保数据安全、防止数据泄露等挑战。同时，数据库安全在医疗数据等方面尤为重要。通过学习本章，我们将深刻理解数据库安全的重要性，培养强烈的责任感和风险意识。让我们以严谨的态度，共同守护数据库安全，彰显信息时代下的诚信与担当。

第 7 章

数据库安全性

【学习目标】

（1）理解数据库安全威胁的种类和潜在影响，能够分析和评估实际场景中可能存在的安全风险，提出相应的防范措施。

（2）掌握数据库安全策略的制定和实施方法，能够设计并建立完善的访问控制、身份验证和授权管理机制，确保数据库系统的安全性和稳定性。

（3）熟悉数据加密、审计和监控、数据备份和恢复等数据库安全技术，能够运用这些技术保障数据库中数据的保密性、完整性和可用性。

【学习难点】

（1）理解和应用强制存取控制（Mandatory Access Control，MAC）和数据加密技术，需要深入理解加密算法和密钥管理的复杂原理。

（2）理解数据库操作日志的生成和分析，以及监控系统的建立和维护。

（3）理解数据备份和恢复的重要性，以及建立完善的备份策略和恢复机制。

【素养目标】

（1）培养分析和评估数据库安全风险的能力，能够在实际工作中识别潜在的安全威胁，并提出相应的防范措施，从而增强安全意识和风险意识。

（2）培养设计和实施数据库安全策略的能力，能够根据实际需求建立完善的访问控制、身份验证和授权管理机制，提高解决实际问题的能力和实践能力。

（3）培养熟练应用数据加密、审计和监控、数据备份和恢复等数据库安全技术的能力，能够独立设计和实施安全措施，提高技术应用能力和创新能力。

（4）培养团队协作和沟通能力，能够在实际工作中与他人合作，共同解决数据库安全问题。

在数据库系统中，数据共享是一大特点，然而这也带来了数据库安全性的重要问题。数据共享必须受到限制，特别是对于涉及军事秘密、国家机密、新产品实验数据、市场需求分析、市场营销策略、销售计划、客户档案、医疗档案、银行储蓄数据等敏感信息。这些信息的泄露可能会导致严重的安全问题，因此，数据库系统中的数据共享必须受到严格的控制和保护。

在数据库系统中，数据共享需要建立严格的权限控制和访问策略，确保只有经过授权的用户才能访问特定的数据。此外，还需要采取加密、审计、备份等安全措施，以应对潜在的安全威胁和风险。只有这样，数据库系统才能确保数据的安全性和完整性，避免敏感信息的泄露和滥用。

因此，数据库安全性成为数据库系统中的重要内容，涉及权限管理、数据加密技术、审计机制、数据备份与恢复等内容。只有采取全面的安全性措施，数据库系统才能有效地保护数据不受未经授权的访问和恶意攻击，确保敏感信息的安全。

7.1　数据库安全的基本概念

数据库的安全性是指对数据库系统中的数据进行保护和控制，以防止未经授权的访问、数据泄露、数据损坏或数据丢失等安全威胁。数据库的安全性通常涉及以下几个方面。

1. 认证和授权

认证是指确认用户或应用程序的身份和合法性，而授权是指授予用户或应用程序访问数据库对象（如表、视图、存储过程等）的权限。数据库系统通常对用户名和密码进行认证，然后通过授权机制来管理用户对数据库的访问权限。

2. 数据加密

数据加密是指使用加密算法对数据库中的数据进行加密，以防止未经授权的访问者获取敏感数据。加密可以应用于数据的存储、传输和备份过程中，确保数据在各个环节都得到保护。

3. 审计和监控

数据库系统应该能够记录用户对数据库的操作，包括登录、查询、更新、删除等操作，以便进行审计和监控。审计日志可以帮助管理员跟踪数据库的使用情况，发现异常行为并采取相应措施。

4. 数据备份和恢复

数据库的安全性还包括对数据进行定期备份，并确保备份数据的完整性和可靠性。在发生数据丢失或损坏的情况下，可以通过备份数据进行快速恢复，保证数据库的可用性和持久性。

5. 安全补丁和更新

数据库软件本身也需要定期进行安全补丁和更新，以修复已知的安全漏洞和缺陷，防止黑客利用这些漏洞进行攻击。

综合来说，数据库的安全性是指对数据库系统中的数据和操作进行全面的保护和控制，以确保数据的机密性、完整性、可用性和可靠性。通过采取合理的安全策略和措施，可以有效地保护数据库系统免受各种安全威胁的侵害。

7.1.1 数据库安全威胁

数据库安全威胁是指可能对数据库系统中的数据和操作造成危害的各种因素和攻击手段。以下是一些可能会对数据库安全造成威胁的因素。

1. 未经授权的访问

未经授权的用户或应用程序获取对数据库的访问权限，可能导致数据泄露、篡改或破坏。

（1）案例：内部员工滥用管理员权限，未经授权地访问了公司数据库，并窃取了客户的个人信息。

（2）说明：未经授权的访问可能导致敏感数据泄露，对用户的隐私和公司的声誉造成严重损害。

2. SQL 注入攻击

黑客通过构造恶意的 SQL 语句，成功注入应用程序的输入参数，从而实现对数据库的非法访问和操作。

（1）案例：黑客利用网站的搜索框进行 SQL 注入攻击，成功获取了数据库中的用户密码信息。

（2）说明：SQL 注入攻击可能导致数据泄露、数据篡改甚至数据库服务器的拒绝服务，对数据库的安全性造成严重威胁。

3. 数据泄露

数据库中的敏感数据被黑客或内部人员非法获取和传播，可能导致用户隐私泄露和触犯法律。

（1）案例：一家医疗保健机构的数据库被黑客攻击，导致患者的个人健康信息泄露。

（2）说明：数据泄露可能对个人隐私和公司的声誉造成重大损害，同时可能触犯相关的隐私保护法律。

4. 数据篡改

黑客或内部人员未经授权地修改数据库中的数据，可能导致数据的不一致和不完整。

（1）案例：黑客通过篡改数据库中的订单信息，导致客户收到错误的商品或服务。

（2）说明：数据篡改可能对客户和公司的利益造成损失，影响业务的正常运作和客户的信任。

5. 数据丢失

由于硬件故障、人为错误或其他原因，数据库中的数据丢失，可能导致业务中断和数据恢复困难。

（1）案例：一家电子商务公司的数据库服务器发生故障，导致数天的订单数据丢失。

（2）说明：数据丢失可能导致业务中断和客户投诉，同时可能对公司的声誉和市场地位造成损害。

综上所述，数据库安全威胁包括未经授权的访问、SQL 注入攻击、数据泄露、数据篡改和数据丢失等。为了有效应对这些安全威胁，数据库管理员和安全专家需要采取相应的安全策略和措施，包括加强身份认证、访问控制、数据加密、审计和监控等，以确保数据库系统的安全性和稳定性。

7.1.2 数据库安全策略

数据库安全策略是指为了保护数据库系统中的数据和操作而采取的一系列措施和规定。这些策略旨在确保数据库系统的机密性、完整性、可用性和可靠性，以防止未经授权的访问、数据泄露、数据篡改、数据丢失等安全威胁的发生。以下是一些常见的数据库安全策略。

1. 访问控制策略

（1）定义：访问控制策略是指通过身份验证、授权和审计等措施，限制用户对数据库的访问权限，以防止未经授权的访问和操作。

（2）案例：公司的数据库管理员通过授权管理系统，为不同的员工分配不同的数据库访问权限，以确保只有经过授权的员工才能访问敏感数据。

（3）说明：访问控制策略可以有效地防止未经授权的用户或应用程序对数据库的访问，从而保护数据的机密性和完整性。

2. 数据加密策略

（1）定义：数据加密策略是指通过加密算法和密钥管理，对数据库中的敏感数据进行加密，以防止数据在传输或存储过程中被非法获取。

（2）案例：一家金融机构使用加密算法对客户的个人身份信息和交易记录进行加密存储，以保护客户数据的安全。

（3）说明：数据加密策略可以有效地保护数据库中的敏感数据免受黑客攻击和内部人员的非法获取。

3. 审计和监控策略

（1）定义：审计和监控策略是指通过日志记录、实时监控和安全审计等手段，对数据库的访问和操作进行监控和审计，及时发现和应对安全威胁。

（2）案例：数据库管理员设置了审计日志，记录了所有对数据库的访问和操作，以便及时发现异常行为和安全事件。

（3）说明：审计和监控策略可以帮助数据库管理员及时发现潜在的安全威胁和异常行为，保障数据库系统的安全性和稳定性。

4. 灾难恢复策略

（1）定义：灾难恢复策略是指通过备份、恢复和容灾等措施，确保数据库系统在遭受硬件故障、自然灾害或人为破坏时能够迅速恢复正常运行。

（2）案例：一家电子商务公司定期对数据库进行备份，并将备份数据存储在不同的地理位置，以应对可能发生的数据丢失或灾难事件。

（3）说明：灾难恢复策略可以保障数据库系统在面对各种灾难事件时能够迅速恢复正常运行，降低业务中断和数据丢失的风险。

综上所述，数据库安全策略包括访问控制、数据加密、审计和监控、灾难恢复等多种类型。通过采取合理的安全策略和措施，可以有效地保护数据库系统免受各种安全威胁的侵害，确保数据的安全和可靠性。

知识拓展 >>>

当今，日益增长的云存储数据库及其应用中，也存在一些安全隐患，需要采取有效措施以确保数据库的安全性。

1. 云存储数据安全性

云存储并不是一种模式，而是一种服务，其概念与云计算一样，是指使用集群应用、网络技术或分布式文件系统等功能，通过应用软件把网络中各种类型的存储设备聚集起来，一致对外提供数据存储功能和业务访问功能的一个系统服务，最大程度地保证了数据的安全及节约了存储空间。云存储在方便用户解决数据存储问题的同时，其安全问题也日益突出，主要体现在以下 3 个方面。

（1）认证和鉴别的措施过于简单，用户存储在云存储中的数据就很容易被别人窃取。多数云存储系统的用户名和口令认证体系的设置都较为简单，这无疑给木马和后门程序制造了在用户端盗取用户口令的机会，从而窃取用户存储的数据。

（2）数据存储的风险和保密性没有确定的概念，无论是企业的经营数据，还是用户的个人数据，在将数据放在云存储上之前，会担心数据万一到了云存储服务商那里怎么办；在放上去之后，会担心数据信息会不会泄露，云存储服务商能否保证自己接触不到用户的数据信息等问题。一旦存储在云存储中的用户信息被人窥看，就会造成大量信息的泄露。

（3）应用安全问题，云存储在利用平台读取数据时，有一些安全规则不符合规范。如果用户存储的数据丢失，那么谁来承担这个责任，或者说谁来界定用户所损失数据的价值？因此，要想解决云存储安全性的问题，就必须要引入身份认证、访问控制、数据信息加密体系，以及云存储服务商需制定完善、安全的管理机制，同时出台相应的法律法规保证数据的安全性。

2. 有效措施

保护云存储数据安全的第一步就是对用户开启身份识别和鉴定技术，以确保合法用户对云存储数据的安全访问。在具体的实施措施中，除了身份认证、用户名和口令认证，还可以使用智能卡认证。智能卡认证是基于 PKI 数字证书的一种认证手段，其在 Web 连接中支持双身份鉴定、提供单点登录功能等。

（1）访问控制技术。访问控制是实现用户数据机密性和进行隐私保护的一项重要措施，其目的是允许或拒绝某个人或某个程序使用一个资源。在解决云存储安全问题的方案中，最重要的一点就是对用户的数据资源设置访问控制，因为其包含角色授权和子系统之间的通信保护技术。

（2）数据信息加密技术。为了防止用户的数据信息泄露，用户可采用加密文件系统实现对数据信息的加密存储，且数据信息加密和解密的过程对用户是透明的。透明的数据信息加密技术不仅可以帮助用户强制执行数据安全策略，同时保证了存储在云里面的数据只能以密文的形式进行存储，而用户可以自主对数据安全性进行控制，在一定程度上使用户摆脱了只依赖云存储服务商的安全保障措施。

（3）安全管理技术。安全的云服务问题解决方案必须要依靠完善的安全管理技术，其中包括法规遵循和审计管理、安全性威胁和漏洞管理，并设置专门的安全管理服务器。另外，为了防止云存储服务商内部人员偷窥用户的数据信息，服务商可以采取分级通知和流程化管理模式。例如，将云存储的运维体系分成两级，一级是普通的运维人员，主要负责云存储的日常维修工作，既登录不了物理主机，也无法进入受控机房，接触不到用户的数据信息；另一级是具有云存储核心权限的人员，虽然这些人员可以进入机房，也可以登录物理主机，但会受到运维流程的严格控制。

7.2 用户管理

数据库安全性中的用户管理是指对数据库系统中的用户进行身份验证、授权和权限管理的过程。用户管理是数据库安全的重要组成部分，只有经过授权的用户才能够访问数据库，并且只能进行其被授权的操作。

用户管理包括用户身份验证、用户授权、用户角色管理、强制存取控制方法。通过有效的用户管理，数据库管理员可以确保只有经过授权的用户才能够访问和操作数据库系统，从而保证数据库系统的安全性和完整性。同时，用户也管理能够帮助数据库管理员更好地管理和监控用户的行为，及时发现和应对安全威胁。

7.2.1 用户身份验证

用户身份验证是指确认用户所声称的身份是否合法的过程。在数据库安全性中，用户身份验证通常是通过用户名和密码的方式进行的，以确保只有合法的用户才能够访问数据库系统。

1. 案例

假设一个公司拥有一个数据库系统，用于存储员工的个人信息和工作数据。公司的数据库管理员需要对员工进行身份验证，以确保只有经过授权的员工才能够访问数据库系统。

在这个案例中，数据库管理员会为每个员工分配一个用户名和密码。当员工需要访问数据库系统时，他们需要提供自己的用户名和密码进行身份验证。数据库系统会验证所提供的用户名和密码是否与数据库中存储的用户名和密码匹配，如果匹配成功，则允许员工访问数据库系统；如果匹配失败，则拒绝访问。

2. 说明

用户身份验证是保障数据库安全的基本措施之一，它可以确保只有经过授权的用户才能够访问数据库系统，防止未经授权的用户进行非法访问和操作。此外，用户身份验证也可以帮助数据库管理员追踪和记录用户的访问行为，从而及时发现异常行为和安全威胁。

除了使用用户名和密码，还有其他的身份验证方式，如生物识别技术（指纹识别、虹膜识别等）、双因素认证（结合密码和硬件令牌等）等。这些身份验证方式可以提供更高级别的安全性，适用于对安全性要求较高的数据库系统。

7.2.2 用户授权

用户授权是指为用户分配适当的权限和角色，以确定用户能够访问和操作哪些数据库对象。授权通常包括对表、视图、存储过程等数据库对象的访问权限和操作权限的授予。在数据库管理中，用户授权是数据库安全的重要组成部分，它可以确保只有经过授权的用户才能够进行特定的操作，从而保证数据库的安全性和完整性。

1. 案例

假设一个公司的数据库系统中包含了员工信息、财务数据和产品销售记录等敏感信息。数据库管理员需要为不同的员工分配不同的权限，以确保他们只能访问和操作与自己工作相关的数据。

在这个案例中，数据库管理员可以为不同的员工分配不同的权限，例如：人力资源部门的员工可以访问和修改员工信息表，但不能访问财务数据和产品销售记录；财务部门的员工可以访问财务数据，但只能读取，不能修改；销售部门的员工可以访问产品销售记录，但不能访问员工信息和财务数据。

2. 说明

用户授权可以帮助数据库管理员灵活地管理用户的权限，以满足不同用户的需求，并确保数据库的安全性。通过合理的授权，可以防止用户越权访问和操作数据库，避免敏感数据的泄露和损坏。此外，授权还可以帮助数据库管理员更好地监控和审计用户的行为，及时发现并应对安全威胁。

3. SQL 语法

在 SQL 中，用户授权通常通过 GRANT 和 REVOKE 语句来实现。

（1）定义。

GRANT 语句用于授予用户权限，可以指定具体的权限类型（如 SELECT、INSERT、UP-DATE、DELETE 等）和对象（表、数据库等）。

REVOKE 语句用于撤销用户权限，可以撤销特定的权限类型，并指定对象和用户。

（2）示例。

【例 7.1】 授予用户对表的 SELECT 权限。

```
GRANT SELECT ON table_name TO user_name;
```

这条语句将授予特定用户对指定表的 SELECT 权限，使其能够查询表中的数据。

【例 7.2】 授予用户对表的 INSERT、UPDATE 和 DELETE 权限。

```
GRANT INSERT, UPDATE, DELETE ON table_name TO user_name;
```

这条语句将授予特定用户对指定表的 INSERT、UPDATE 和 DELETE 权限，使其能够向表中插入、更新和删除数据。

【例 7.3】 授予用户对数据库的所有权限。

```
GRANT ALL PRIVILEGES ON database_name.* TO user_name;
```

这条语句将授予特定用户对指定数据库中所有表的所有权限，使其能够对数据库进行任何操作。

【例 7.4】　撤销用户对表的某些权限。

REVOKE INSERT, UPDATE ON table_name FROM user_name;

这条语句将从特定用户中撤销对指定表的 INSERT 和 UPDATE 权限，使其不能再向表中插入数据和更新数据。

（3）说明。

用户授权的 SQL 语法可以根据具体的数据库系统而有所不同，上述例子是通用的 SQL 语法，但在具体的数据库系统中可能会有些许差异。

通过合理的用户授权，数据库管理员可以确保用户只有适当的权限来访问和操作数据库中的数据，从而保证数据库的安全性和完整性。

除了直接为用户分配权限，数据库管理员还可以通过角色管理来简化权限管理。

7.2.3　用户角色管理

用户角色管理是数据库中的一种权限管理机制，通过将一组相关的权限分配给一个角色，然后将这个角色分配给用户，以简化权限管理和提高数据库的安全性。

1. 案例

假设一个公司的数据库系统包括了销售部门、财务部门和人力资源部门等不同的用户群体。为了简化权限管理，数据库管理员可以创建不同的角色，并将相应的权限分配给这些角色，然后将角色分配给对应的用户群体。

可以创建以下角色。

（1）sales_role：包括了访问产品销售记录的权限。

（2）finance_role：包括了访问财务数据的权限。

（3）hr_role：包括了访问员工信息的权限。

将以上这些角色分配给相应的用户群体，例如，给销售部门的员工分配 sales_role 角色；给财务部门的员工分配 finance_role 角色；给人力资源部门的员工分配 hr_role 角色。

2. SQL 语法

在 SQL 中，用户角色管理通常通过 CREATE ROLE、GRANT 和 REVOKE 语句来实现。下面是使用 SQL 语句进行角色管理的例子。

（1）创建一个角色。

CREATE ROLE role_name;

这条语句用于创建一个新的角色，例如创建 sales_role、finance_role 和 hr_role。

（2）将权限授予角色。

GRANT SELECT ON table_name TO role_name;

这条语句用于将特定的权限授予一个角色，使角色拥有对指定表的 SELECT 权限。

（3）将角色分配给用户。

GRANT role_name TO user_name;

这条语句用于将一个角色分配给特定的用户，使用户拥有角色所包含的权限。

（4）撤销角色的权限。

REVOKE SELECT ON table_name FROM role_name;

这条语句用于从一个角色中撤销特定的权限，使角色不再拥有对指定表的 SELECT 权限。

3. 说明

（1）通过用户角色管理，数据库管理员可以将一组相关的权限集中到一个角色中，然后将角色分配给用户，以简化权限管理和提高数据库的安全性。

（2）通过合理的用户角色管理，可以减少权限分配的复杂性，降低出错的可能性，并且当权限需要调整时，只需要调整角色的权限，而不需要逐个调整用户的权限。

（3）用户角色管理的 SQL 语法可以根据具体的数据库系统而有所不同，上述例子是通用的 SQL 语法，但在具体的数据库系统中可能会有些许差异。

7.2.4 强制存取控制方法

在 MAC 方法中，DBMS 所管理的全部实体被分为主体和客体两大类，MAC 就是一种基于对主体和客体的安全等级进行严格管理和控制的策略。

1. 几个概念

（1）主体。

在 MAC 中，主体指的是系统中的实体，通常是用户、进程或其他实体，它们试图访问系统中的资源或对象。

在 MAC 中，主体被分配了一个安全等级标记，表示其在系统中的权限和访问控制级别。这个安全等级标记用于确定主体是否有权访问特定的资源或对象。

（2）客体。

在 MAC 中，客体指的是系统中的资源或对象，如文件、数据库、网络服务等。这些资源或对象通常具有特定的安全等级标记，表示它们的敏感度和安全性级别。

（3）常见的敏感度和安全性级别。

常见的敏感度和安全性级别包括绝密（Top Secret，TS）、机密（Secret，S）、可信（Confidential，C）、公开（Public，P）。

主体和客体都有敏感度标记，主体的敏感度标记称为**许可证级别**，客体的敏感度标记称为**密级**，MAC 规定：

（1）仅当主体的许可证级别大于或等于客体的密级时，该主体才能读取相应的客体；

（2）仅当主体的许可证级别小于或等于客体的密级时，该主体才能写相应的客体。

2. 示例

根据上述两条规则，用户有以下合法权限，如图 7.1 所示。

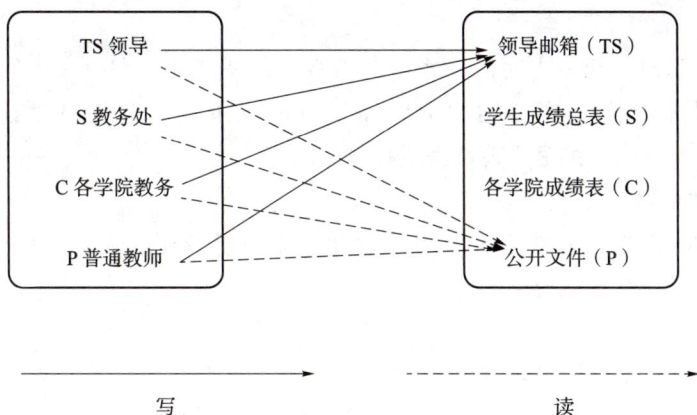

图 7.1　强制存取控制示例

（1）领导可以读取所有文件，但不允许把自己掌握的 TS 数据（如学生成绩等）写到普通教师都能看到的公开文件上，即允许**下读、禁止下写**。

（2）普通教师可以把成绩提交（写）到各学院成绩表、学生成绩总表、领导邮箱，但不能读领导邮箱内容等，即允许**上写、禁止上读**。

（3）各学院教务可以写自己学院的学生成绩到学生成绩总表，但不能读学生成绩总表，也是允许**上写、禁止上读**。

（4）教务处可以查看各学院成绩表，但不允许将学生成绩总表写入各学院成绩表或公开文件，即允许**下读、禁止下写**。

3. 说明

（1）在 MAC 模型下，用户无法自行更改文件的安全等级，也无法绕过系统规则来访问他们无权访问的文件。这种严格的访问控制模型确保了信息的安全性和完整性。

（2）MAC 通常需要在操作系统或数据库系统的底层实现，因此，对于一般的数据库管理和应用程序开发而言，MAC 可能并不是常见的访问控制模型。

知识拓展　>>>

为了避免数据泄露，可以遵循以下原则。

1. 选择强密码

使用至少 8 个字符以上的密码长度。密码设置为包含大小写字母、数字和特殊字符的组合，以增加密码的复杂性。避免使用容易猜到的信息，如生日、名字或常见单词。

2. 定期更改密码

为了安全起见，建议每隔一段时间（如 3~6 个月）更改一次密码。每次更改密码时，确保新密码与之前的密码有显著差异。

3. 启用双重认证

在 Mac 上，通过"系统偏好设置"→"Apple ID"→"密码与安全性"操作，确保双重认证已启用。双重认证为 Apple ID 提供额外的安全层，要求在新设备上登录时输入额外的验证码。

4. 使用 FileVault 加密

单击 Mac 计算机桌面左上角的"系统"图标,打开"系统偏好设置"→"安全性与隐私"→"文件保险箱",然后启用 FileVault。FileVault 会对整个硬盘进行加密,即使 Mac 丢失或被盗,也能保护用户的数据不被访问。

5. 创建恢复密钥

在启用 FileVault 时,系统会提示用户创建一个恢复密钥。妥善保管这个恢复密钥,在忘记密码或需要恢复数据时,它将起到关键作用。

6. 注意物理安全

除了数字安全措施,还要注意 Mac 的物理安全。不要让 Mac 无人看管,尤其是在公共场所。使用锁或安全电缆将 Mac 固定在安全位置,以防止被盗。

7. 定期备份数据

使用 Time Machine 或其他备份工具定期备份数据。在数据丢失或损坏的情况下,备份可以帮助用户快速恢复。

8. 保持软件更新

定期更新操作系统和软件,以确保拥有最新的安全补丁和防护措施。

9. 避免使用公共 Wi-Fi 进行敏感操作

公共 Wi-Fi 可能存在安全风险,因此,在这些网络上避免进行敏感操作,如登录银行账户或处理个人信息。

10. 使用安全的浏览器和扩展

使用最新版本的浏览器,并确保启用了防钓鱼和恶意软件保护。仅安装来自可信来源的浏览器扩展,并定期检查和删除不再需要的扩展。

| 7.3 数据加密 |

在数据库系统中,为了防止未经授权的访问者或恶意攻击者获取敏感数据,常采用对数据进行加密的方法来对数据进行保护,这样即使数据库被非法访问,也能保证数据的保密性。

1. 数据加密的概念

数据加密通过使用密码算法将数据转换为不可读的形式,以保证数据的安全性和隐私性。加密过程使用密钥来对数据进行加密,只有持有正确密钥的用户才能解密并还原数据。数据加密可以用于保护数据在**存储**和**传输**过程中不被未经授权的访问者所窃取或篡改。通过数据加密,即使数据被非法获取,也不会泄露其中的敏感信息。

2. 数据加密的基本原理

使用密码算法将原始数据转换为密文,使未经授权的用户无法直接读取或理解数据内容。加密过程中使用密钥来对数据进行转换,解密过程则需要相应的密钥来还原原始数据。数据加密的基本原理涉及以下几个概念。

(1)明文和密钥:明文是原始的未加密数据,密钥是用于加密和解密的关键信息。

(2)加密算法:一种数学函数或过程,它接收明文和密钥作为输入,输出密文。

（3）密文：经过加密算法处理后的不可读的数据，只有持有正确密钥的用户才能解密并还原原始数据。

（4）解密算法：加密算法的逆过程，它接收密文和密钥作为输入，输出明文。

数据加密可以确保数据在存储和传输过程中得到保护，即使数据被非法获取，也不会泄露其中的敏感信息。

3. 数据加密在数据库系统中的应用

数据加密在数据库安全性中有着广泛的应用，它可以用于保护数据库中的敏感信息，防止未经授权的访问者获取和窃取数据。数据加密在数据库系统中的应用体现在以下几个方面。

（1）数据字段级加密：对数据库中的敏感数据字段（如个人身份信息、信用卡号等）进行加密，确保即使数据库被非法访问，敏感数据也不会被泄露。

（2）数据传输加密：通过使用加密协议（如 SSL、TLS），对数据库客户端和服务器之间的通信进行加密，防止数据在传输过程中被窃取或篡改。

（3）数据备份加密：对数据库备份文件进行加密，以确保即使备份文件丢失或被盗，其中的数据也不会被泄露。

（4）存储介质加密：在数据库存储介质（如磁盘）层面上进行加密，以保证数据在存储过程中的安全性。

通过这些应用，数据加密可以有效地提升数据库的安全性，保护敏感数据不被未经授权的访问者获取和窃取。

▌7.4　视图机制 ▌

视图机制是指通过创建虚拟表来限制用户对数据库中实际表的访问权限，从而实现对数据的保护和安全控制。视图可以根据实际需求，只暴露部分数据或特定字段，同时限制用户对数据的操作权限。

【例 7.5】　有一张名为 students 的表，其中包含了所有学生的信息，包括所属系别。现在需要创建一个视图，只包括数学系学生的信息，并设置不同的权限授予给不同的用户。

（1）创建视图。

```
CREATE VIEW math_students AS
SELECT * FROM students WHERE department=' Math';
```

（2）授权。
①授予对 math_students 视图的 SELECT 权限给用户李明。

```
GRANT SELECT ON math_students TO 李明;
```

②授予对 math_students 视图的所有操作权限给用户王阳。

```
GRANT ALL PRIVILEGES ON math_students TO 王阳;
```

在这个示例中，首先创建了一个名为 math_students 的视图，该视图只包括了数学系学生的信息。然后，使用 GRANT 语句分别将对该视图的 SELECT 权限授予给了用户李明，并将该视图上的所有操作权限授予给了用户王阳。这样，用户李明只能查询 math_students 视图中的数据，用户王阳则可以对该视图进行任何操作，包括插入、更新、删除等。

7.5 审计和监控

在数据库技术中，审计和监控是两个重要的概念，用于跟踪数据库的活动、监视数据库性能、确保数据安全及满足合规性要求。

1. 审计

（1）审计的概念。

审计是指把用户对数据库的所有操作自动记录下来放入审计日志，包括对数据库对象的访问、数据更改、用户登录、权限管理等。审计可以帮助数据库管理员和安全团队监控数据库的使用情况、追踪异常操作、满足合规性要求，以及在发生安全事件时进行调查和取证。

（2）SQL 语法。

在 SQL Server 中，可以使用以下语法开启审计功能。

```
CREATE SERVER AUDIT audit1 TO FILE (FILEPATH='C:\auditlogs\' );
ALTER SERVER AUDIT audit1 WITH (STATE=ON);
```

（3）案例。

某公司要求对数据库中的敏感数据访问进行审计，以确保只有授权的用户才可以访问这些数据。通过开启数据库的审计功能，并记录访问日志，可以满足合规性要求，并在发生安全事件时进行调查。

2. 监控

（1）监控的概念。

监控是指实时地观察和记录数据库系统的运行状态和性能指标，以便及时发现性能问题、优化数据库配置、预测资源需求及提高系统的稳定性和可用性。

（2）SQL 语法。

在 SQL Server 中，可以使用以下语法创建监控作业。

```
USE msdb;
CREATE JOB monitoring_job
```

然后通过 SQL Server 代理等工具来配置作业的具体监控任务。

（3）案例。

某电商网站的数据库管理员需要监控数据库的性能，包括查询响应时间、锁等待情况、磁盘空间利用率等。通过实时监控数据库的性能指标，可以及时发现性能问题并进行调优。

综上所述，审计和监控是数据库管理中的重要概念，可以通过 SQL 语法来配置数据库的审计和监控功能，帮助数据库管理员确保数据库的安全性、合规性和性能。通过审计和监控，数据库管理员可以及时发现问题并采取相应的措施，从而提高数据库的管理效率和安全性。

| 7.6　数据备份和恢复 |

在数据库管理中，数据备份和恢复是非常重要的操作，用于保护数据库中的数据免受意外删除、损坏或系统故障的影响。

7.6.1　数据备份

1. 数据备份的概念

数据备份是指将数据库中的数据和日志文件复制到另一个位置，以便在发生数据丢失或损坏时能够恢复数据。

2. 数据备份的分类

数据备份可以分为完整备份、差异备份和事务日志备份等不同类型。

（1）完整备份。

①定义。

完整备份是指将整个数据库的所有数据和日志都备份到一个文件中。这种备份方式包含了数据库中的所有数据和对象，可以独立地用于数据库的完全恢复。完整备份通常是数据库备份策略中的基础，可以确保在发生灾难性故障时能够恢复整个数据库。

②SQL 语句。

```
BACKUP DATABASE AdventureWorks TO DISK='D:\Backup\AdventureWorks_Full. bak' WITH  INIT ;
```

这条语句将 AdventureWorks 数据库的完整备份保存到指定的磁盘位置。WITH INIT 表示将覆盖已存在的备份文件。

（2）差异备份。

①定义。

差异备份是指备份自上一次完整备份或差异备份以来发生更改的数据和日志。差异备份只包含自上一次完整备份以来发生变化的数据，因此，相对于完整备份来说，差异备份通常更快，同时占用更少的存储空间。

②SQL 语句。

```
BACKUP DATABASE AdventureWorks TO DISK='D:\Backup\AdventureWorks_Diff. bak' WITH  DIF-
FERENTIAL ;
```

这条语句将 AdventureWorks 数据库的差异备份保存到指定的磁盘位置。差异备份只包含自上一次完整备份或差异备份以来发生变化的数据。

（3）事务日志备份。

①定义。

事务日志备份是指备份数据库事务日志中的所有活动和事务记录。事务日志备份可以用于将数据库恢复到某个特定的时间点，同时是数据库恢复过程中非常重要的一部分。

②SQL 语句。

> **BACKUP LOG** AdventureWorks TO DISK ='D:\Backup\AdventureWorks_Log. trn' ;

这条语句将 AdventureWorks 数据库的事务日志备份保存到指定的磁盘位置。

综上所述，完整备份、差异备份和事务日志备份是数据库备份策略中常用的备份类型。它们各自适用于不同的场景，可以根据实际需求选择合适的备份类型来保护数据库中的数据。

● 7.6.2 数据恢复

1. 定义

数据恢复是指在发生数据丢失或损坏时，通过备份文件将数据库恢复到之前的状态。数据库恢复通常需要先进行备份文件的还原，然后进行数据库的恢复操作。

2. SQL 语句

> RESTORE DATABASE AdventureWorks FROM DISK ='D:\Backup\AdventureWorks.bak' WITH REPLACE, RECOVERY;

该示例使用了 SQL Server 的 RESTORE DATABASE 命令，从指定的备份文件还原 AdventureWorks 数据库，并使用 WITH REPLACE 和 RECOVERY 选项来覆盖已存在的数据库和完成数据库的恢复操作。

数据备份和恢复是数据库管理中非常重要的操作，它们可以保护数据库中的数据免受损坏和丢失的影响。通过定期备份数据库，并在需要时进行恢复操作，可以确保数据库的安全性和可靠性。在实际操作中，还需要根据数据库系统的不同，选择合适的数据备份和恢复策略，以及合适的数据备份和恢复命令来执行相应的操作。

知识拓展

>>>

数据备份是指将重要数据复制到另一个存储介质，以防止原始数据的丢失或损坏。以下是一些常见的数据备份方法。

（1）外部存储设备：使用外部硬盘、USB 闪存驱动器或网络存储设备等物理介质来备份数据。这种方法简单易行，但需要定期手动备份。

（2）云备份：将数据上传到云服务提供商的服务器上。这种方法具有自动化备份和远程访问的优势，但需要确保云服务提供商的安全性和可靠性。

（3）网络备份：使用网络备份软件将数据传输到远程服务器上。这种方法可以实现自动化备份和增量备份，但需要确保网络连接的安全性和稳定性。

无论选择哪种数据备份方法，都应遵循以下最佳实践。

（1）定期备份：根据数据的重要性和变化频率，制订备份计划。关键数据应每天备份，而较少变化的数据可以每周或每月备份一次。

（2）多重备份：采用多个备份介质和位置，以防止单点故障。例如，可以同时使用外部硬盘和云备份。

（3）加密备份：对备份数据进行加密，以确保数据的机密性。这样即使备份数据被盗或泄露，也不会导致数据泄露。

（4）测试恢复：定期测试备份的可恢复性，以确保备份数据的完整性和可用性。这可以通过恢复一部分数据或模拟灾难来实现。

当数据丢失或损坏时，数据恢复是将备份数据还原到原始状态的过程。以下是一些数据恢复的常见方法。

（1）本地恢复：从本地备份介质（如外部硬盘）中恢复数据。这种方法适用于单个文件或少量数据的恢复。

（2）云恢复：从云备份服务提供商的服务器中恢复数据。这种方法适用于大量数据或整个系统的恢复。

（3）数据恢复软件：使用专业的数据恢复软件来恢复损坏或删除的数据。这种方法适用于无法通过备份恢复的数据。

无论采用哪种数据恢复方法，都应注意以下事项。

（1）尽早恢复：一旦发现数据丢失或损坏，应立即采取行动，最大限度地减少数据的损失。

（2）专业帮助：对于复杂的数据恢复情况，可以寻求专业的数据恢复服务提供商的帮助。

（3）预防措施：除了数据备份和恢复，还应采取其他安全措施，如定期更新操作系统和应用程序、使用防病毒软件和防火墙等。

7.7　小结

本章主要讨论了数据库安全的重要性及数据库安全的相关技术和策略。首先，介绍了数据库安全的基本概念及数据库安全所面临的威胁和风险，如未经授权的访问、数据泄露、数据篡改等。其次，介绍了数据库安全的基本原则和策略，包括访问控制、用户身份验证、授权管理等，以及数据加密、审计和监控、数据备份和恢复等技术手段。通过对这些内容的学习，我们深刻认识到了建立完善的数据库安全策略对于确保数据库系统中数据的安全性和完整性至关重要。

拓展阅读

1. 殷泰晖，李帅. 基于 TNS 协议的 Oracle 数据库安全性改进方法 ［J］. 合肥工业大学学报（自然科学版），2012，35（02）：193-196.

2. 许方恒. 利用中间件增强数据库安全性的研究 ［J］. 实验技术与管理，2010，27（02）：89-90.

3. 谷震离，杜根远. SQL Server 数据库应用程序中数据库安全性研究 ［J］. 计算机工程与设计，2007（15）：3717-3719.

习　题

一、单项选择题

1. 以下（　　）不属于实现数据库系统安全性的主要技术和方法。

A. 存取控制技术
B. 视图技术
C. 审计技术
D. 出入机房登记和加防盗门

2. SQL 中的视图机制提高了数据库系统的（　　）。

A. 完整性　　　　B. 并发控制　　　　C. 隔离性　　　　D. 安全性

3. SQL 的 GRANT 和 REVOKE 语句主要用来维护数据库的（　　）。

A. 完整性　　　　B. 可靠性　　　　C. 安全性　　　　D. 一致性

二、判断题

1. 在 MAC 中，主体的许可证级别为 S，客体的密级为 TS，则主体不能读客体。（　　）

2. 在 MAC 中，主体的许可证级别为 S，客体的密级为 C，则主体可以写客体。（　　）

三、简答题

1. 什么是数据库的安全性？

2. 数据库安全性和计算机系统的安全性有什么关系？

3. 简述实现数据库安全性控制的常用方法和技术。

习题答案

　　数据库恢复技术是确保数据安全和完整性的重要手段。本章我们将了解故障的种类、恢复实现技术、恢复策略及高级技术（如具有检查点的恢复技术、数据库镜像等）。在此过程中，我们可能会遇到如何选择合适的恢复策略、如何高效实现数据恢复等问题。数据库恢复技术在企业数据管理等领域具有广泛应用。通过学习本章，我们将培养严谨的数据管理态度，提高应对数据风险的能力，展现数据工程师的专业责任与坚守。

第 8 章

数据库恢复技术

【学习目标】

　　（1）理解数据库系统中常见的故障的种类，包括事务故障、系统故障、介质故障和计算机病毒故障的特点和影响。

　　（2）掌握数据库恢复过程中常用的技术，如数据库转储和登记日志文件，并理解其原理和应用场景。

　　（3）理解利用后备副本、日志文件和数据库镜像中的冗余数据来重建数据库的基本原理。

　　（4）了解事务在数据库恢复过程中的作用，以及如何保证事务的一致性和完整性。

　　（5）理解并掌握数据库系统故障恢复的基本原理，能够在实际情况下进行故障恢复的操作和管理。

　　（6）理解故障恢复对数据库系统稳定性和可用性的重要性，以及如何设计和实施有效的故障恢复策略。

【学习难点】

　　（1）对数据库系统整体架构和运行机制进行深入了解。

　　（2）对数据库系统的管理和运维技术有较为全面的认识。

　　（3）需要综合理解数据库系统存储和故障处理的流程。

【素养目标】

　　（1）通过对数据库系统整体架构的深入认识，培养对整个数据库系统的管理和运维能力。

（2）在维护数据库系统稳定性和可用性过程中，培养对数据库系统故障的快速定位、分析和处理能力。

（3）通过实践教学和案例分析，培养实际操作能力和应用技能。

数据库恢复是数据库管理中至关重要的一环，因为故障是不可避免的。无论是计算机硬件故障、软件错误、操作员的失误还是恶意的破坏，都有可能对数据库系统造成影响。这些故障可能导致数据库中数据的正确性受到威胁，甚至导致数据的全部或部分丢失。因此，数据库恢复的重要性不言而喻。

数据库恢复的目标是尽可能快地将数据库恢复到故障发生前的状态，以确保数据的完整性和可用性。为实现这一目标，数据库备份和恢复策略至关重要。通过定期的数据库备份，可以在发生故障时快速恢复数据库。不同类型的备份（完全备份、增量备份、差异备份）可以提供不同程度的恢复灵活性。此外，数据库恢复方法也是至关重要的，包括崩溃恢复和事务恢复等。通过合理规划和实施数据库备份和恢复策略，可以最大限度地减少故障对数据库系统的影响，确保数据的安全和可靠性。

8.1　数据库恢复技术概述

数据库管理系统（DBMS）必须具有把数据库从错误状态恢复到某一已知的正确状态（也称为一致状态或完整状态）的功能，这就是数据库的恢复管理系统对故障的对策。恢复子系统是 DBMS 的一个重要组成部分。数据库恢复技术是衡量数据库系统优劣的重要指标。

在第 6 章中我们学习了事务的概念，事务是数据库操作的最小逻辑单元，是恢复和并发控制的基本单位，在学习数据库恢复技术之前，有必要了解数据库中事务的几种基本状态。

（1）**活动状态**（初始状态）：事务执行时处于这种状态。

（2）**部分提交状态**：最后一条语句被执行后，还没有写到磁盘上。

（3）**失败状态**：发现正常的执行不能继续后。

（4）**中止状态**：事务回滚且数据库已恢复到事务开始执行前的状态后。进入中止状态后，系统有两种选择：重启事务、杀死事务。

（5）**提交状态**：成功完成后。

8.2　故障的种类

故障的种类有很多，主要包括事务故障、系统故障、介质故障和计算机病毒故障。

1. 事务故障

事务故障可分为预期的和非预期的，其中大部分的故障都是非预期的。预期的事务故障是指可以通过事务程序本身发现的事务故障，而非预期的事务故障则是不能由事务程序处理的，如运算溢出故障、并发事务死锁故障、违反了某些完整性限制而导致的故障等。

在出现非预期的事务故障时，需要采取相应的恢复措施以确保数据库的一致性和完整性。一种常见的恢复操作是**事务撤销**，即强行回滚该事务，撤销该事务已经做出的任何对数据库的修改，使该事务好像根本没有启动一样。这样的操作可以确保数据库不受到非预期的事务故障的影响，并且在不影响其他事务运行的情况下完成恢复操作。

事务撤销通常通过 DBMS 的恢复机制来实现，该机制会记录事务的执行情况和数据库的状态，以便在出现非预期的事务故障时进行相应的撤销操作。通过事务撤销，数据库系统可以有效地应对非预期的事务故障，保障数据库的一致性和完整性。

2. 系统故障

系统故障，也称为软故障，是指数据库在运行过程中由于硬件故障、数据库软件及操作系统的漏洞、突然停电等情况导致系统停止运转的一类故障。这种故障会导致所有正在运行的事务以非正常方式终止，需要系统重新启动，从而影响正在运行的所有事务。尽管这类故障不会直接破坏数据库，但会对数据库的一致性和完整性造成影响。

在系统重新启动之后，需要对未完成的事务写入数据库的内容进行**回滚**，即撤销所有未完成的事务写的结果，以确保数据库不受到不完整的事务的影响。同时，对于已完成的事务（其结果可能部分或全部留在缓冲区），需要进行**重做**。这意味着需要重做所有已提交的事务，以确保数据库恢复到一致的状态。

为了应对系统故障，数据库系统通常会采取一系列的容错措施。例如，DBMS 会记录事务的执行情况和数据库的状态，以便在系统重新启动后进行回滚和重做操作。此外，数据库系统还会定期将数据写入磁盘，以确保即使系统发生故障，也能最大限度地减少数据丢失。

3. 介质故障

介质故障也称为硬故障，是指数据库在运行过程中，由于磁头碰撞、磁盘损坏、强磁干扰、天灾人祸等情况，导致数据库中的数据部分或全部丢失的一类故障。这种故障可能会对数据库的完整性和可用性造成严重影响，因此，需要采取相应的软件和硬件容错措施来应对。

在软件层面，针对介质故障，数据库系统通常会使用数据库备份和事务日志文件来进行容错处理。通过定期备份数据库并记录事务日志，可以在发生介质故障时利用恢复技术将数据库恢复到备份结束时的状态。这种方法可以最大限度地减少数据丢失，并确保数据库能够在磁盘发生故障后迅速恢复。

在硬件层面，针对介质故障的硬件容错通常采用双物理存储设备的方式。通过使用两个硬盘存储相同的内容，当其中一个硬盘出现故障时，系统可以立即切换到另一个备份硬盘，以确保数据库系统的持续可用性。这种双物理存储设备的设计可以有效降低介质故障对数据库系统的影响，提高系统的稳定性和可靠性。

综合来看，对于介质故障，软件容错和硬件容错都是非常重要的。它们能够保障数据库系统在面对介质故障时能够及时恢复并保持数据的完整性，从而确保数据库的可靠性和稳定性。

4. 计算机病毒故障

计算机病毒是一种恶意的计算机程序，它可以像病毒一样在计算机系统中繁殖和传播，对系统和数据库造成破坏。特别是对数据库系统，计算机病毒可能会针对数据库文件进行破坏，导致数据丢失或数据库不可用。

为了防止计算机病毒侵入数据库系统，通常会采用防火墙来阻止计算机病毒的侵入。防火墙可以监控网络流量，阻止恶意软件和计算机病毒进入系统，从而保护数据库系统的安全。

如果数据库文件已经感染了计算机病毒，通常会使用专门的杀毒软件对数据库文件进行查杀。杀毒软件可以扫描数据库文件，检测和清除其中的计算机病毒。然而，有时候杀毒软件可能无法完全清除计算机病毒，特别是对于新型的计算机病毒变种。在这种情况下，唯一可靠的方法是使用数据库备份文件进行恢复。通过定期备份数据库，可以在数据库文件受到计算机病毒破坏时快速恢复到未受感染的状态。这种软件容错的方式可以最大限度地减少计算机病毒对数据库系统造成的影响，确保数据库的可靠性和安全性。

8.3 恢复机制

恢复机制涉及的关键问题是如何建立冗余数据，以及如何利用这些冗余数据来恢复数据库。建立冗余数据的方法包括**数据库转储**和**登记日志文件**。在数据库转储中，可以使用完整备份、增量备份或差异备份等方式来创建冗余数据，以便在需要时能够还原数据库。通过登记日志文件，可以追踪数据的变化，从而在需要时利用这些日志来将数据库还原至特定时间点的状态。这些方法都是建立恢复机制的重要手段，能够保障数据库系统的稳定运行和数据的完整性。

8.3.1 数据库转储

1. 什么是数据库转储

数据库转储是指数据库管理员定期地将整个数据库复制到磁带、磁盘或其他存储介质上保存起来的过程。

备用的数据文本称为后备副本或后援副本。数据库遭到破坏后可以将后备副本重新装入，重装后备副本只能将数据库恢复到转储时的状态。要想将数据库恢复到故障发生时的状态，必须重新运行自转储以后的所有更新事务。

2. 转储方法

（1）静态转储与动态转储。

静态转储：在系统中无事务运行时进行的转储操作，转储开始时数据库处于一致性状态，转储期间不允许对数据库进行任何存取或修改活动，得到的一定是一个数据一致性的副本。这种方法的优点在于实现简单，但缺点是会降低数据库的可用性，因为转储必须等待正在运行的用户事务结束，新的事务也必须等待转储结束。

动态转储：允许转储操作与用户事务并发进行，转储期间允许对数据库进行存取或修改。这种方法的优点是不用等待正在运行的用户事务结束，不会影响新事务的运行，但缺点是不能保证副本中的数据正确有效。例如，在转储期间的某时刻，系统把数据 A = 20 转储到磁带上，而在下一时刻，某事务将 A 改为 50，则后备副本上的 A 就过时了。

在利用动态转储得到的副本进行故障恢复时，需要将动态转储期间各事务对数据库的修改活动记录下来，建立日志文件。这样，后备副本加上日志文件就能够将数据库恢复到某一时刻的正确状态。通过记录数据库操作的日志，可以追踪数据的变化，从而在需要时利用这些日志来还原数据库至特定时间点的状态。这种方法是建立恢复机制的重要手段，能够保证数据库系统的稳定运行和数据的完整性。

（2）海量转储与增量转储。

海量转储：指每次进行完整的数据库备份，即转储全部数据库。

增量转储：只转储上一次完整备份之后发生更新的数据，这样可以节省存储空间和备份时间。

从恢复的角度来看，使用海量转储得到的后备副本进行恢复通常更为方便。因为海量转储包含了完整的数据库信息，一旦需要进行恢复，只需使用最近的一次海量转储即可还原整个数据库的状态。而对于增量转储，需要先使用最近的完整备份来还原数据库，然后依次应用增量备份来将数据库恢复到最新状态，这个过程相对烦琐。

然而，如果数据库非常庞大，且事务处理得非常频繁，那么增量转储方式更为实用和有效。因为在这种情况下，进行海量转储需要大量的存储空间和备份时间，而增量转储只需要备份发生变化的数据，可以节省大量的存储空间和备份时间。因此，针对大型且频繁更新的数据库，增量转储是更为合适的选择。

（3）转储方法小结。

以上几种转储方法可以进行组合，得到多种不同的转储方法，具体如表 8.1 所示。

表 8.1　转储方法的分类

转储方法	转储状态	
	动态转储	静态转储
海量转储	动态海量转储	静态海量转储
增量转储	动态增量转储	静态增量转储

动态海量转储是指根据数据库的实际情况和需求，在特定的时间间隔内进行完整的数据库备份。这种备份策略可以确保备份的完整性和一致性，适用于数据量不是很大且不经常更新的数据库。

动态增量转储是指在每次备份时，只备份自上一次备份以来发生变化的数据。这种备份策略可以节省备份时间和存储空间，适用于数据量较大且经常更新的数据库。

静态海量转储是指定期进行完整的数据库备份，备份的时间间隔相对较长。这种备份策略适用于数据量不是很大且不经常更新的数据库，可以平衡备份的完整性和备份时间的开销。

静态增量转储是指在每次备份时，只备份自上一次完整备份以来发生变化的数据，而不是自上一次备份以来的所有变化。这种备份策略可以在每次备份时减少备份的数据量，节省存储空间和备份时间。

综合考虑数据库的实际情况和需求，选择适合的备份策略对于数据库的备份和恢复至关重要。因此，在制定备份策略时，需要综合考虑数据库的大小、更新频率、备份时间和存储成本等因素，选择最合适的备份策略来保证数据库的安全性和可靠性。

3. 转储策略

（1）应定期进行数据库转储，制作后备副本。但转储又是十分耗费时间和资源的，不能频繁进行。

（2）数据库管理员应该根据数据库的使用情况确定适当的转储周期和转储方法，例如，每天晚上进行动态增量转储、每周进行一次动态海量转储、每月进行一次静态海量转储等。

8.3.2 登记日志文件

1. 日志文件的格式和内容

日志文件是用来记录事务对数据库进行操作的文件，通常包含了关于数据库中事务性更新操作的详细记录，这些记录有助于在发生问题时进行故障恢复。

日志文件主要分为以记录为单位的日志文件和以数据块为单位的日志文件。

（1）以记录为单位的日志文件的内容包括：各个事务的开始标记（BEGIN TRANSACTION）、各个事务的结束标记（COMMIT 或 ROLLBACK）、各个事务的所有更新操作。

事务的开始标记、结束标记和更新操作在日志文件中均登记为一条日志记录，而每一条日志记录又包括：事务标识（标明是哪个事务）、操作类型（如插入、删除或修改）、操作对象（如记录 ID、Block NO）、更新前数据的旧值（对插入操作而言，此项为空值）、更新后数据的新值（对删除操作而言，此项为空值）。

（2）以数据块为单位的日志文件的内容包括：事务标识、被更新的数据块。

2. 日志文件的作用

日志文件在数据库恢复中扮演着重要的角色，主要体现在以下几个方面。

（1）事务故障恢复和系统故障恢复都必须依赖日志文件。日志文件记录了每个事务的开始标记、结束标记及所有更新操作，这些信息对于恢复数据库的一致性和完整性至关重要。

（2）在动态转储方式中，必须建立日志文件，以便与后备副本结合使用，这样才能有效地恢复数据库。日志文件记录了事务的所有更新操作，结合后备副本可以确保数据库在发生介质故障后能够正确地恢复。

（3）即使在静态转储方法中，也可以建立日志文件。当数据库损坏后，可以重新加载后备副本将数据库恢复到转储结束时刻的正确状态。利用日志文件，可以对已完成的事务进行重做处理，同时对故障发生时尚未完成的事务进行撤销处理，而无须重新运行已完成的事务程序，从而将数据库恢复到故障前的正确状态。

3. 登记日志文件的原则

为了确保数据库的可恢复性，登记日志文件时必须遵循以下两条原则。

（1）登记的次序严格按并发事务执行的时间次序。

（2）必须先写日志文件，后写数据库。写日志文件操作指的是将表示这条修改的日志记录写入日志文件；写数据库操作则是将对数据的修改写入数据库。

为什么要先写日志文件呢？这是因为写数据库和写日志文件是两个不同的操作，而在这两个操作之间可能发生故障。如果先写了数据库修改，而在日志文件中没有登记下这个修改，那么以后就无法恢复这个修改了。然而，如果先写日志文件，但没有修改数据库，那么在按日志文件进行恢复时，只会多执行一次不必要的撤销操作，并不会影响数据库的正确性。

知识拓展 >>>

数据库恢复是非常尖端的计算机技术，因为各个数据库厂商自己的数据库产品内部的东西都属于商业机密，所以没有相关的技术资料，掌握和精通恢复技术的人员极少。

数据库可能因为硬件或软件（或两者同时）的故障变得不可用，不同的故障情况需要采取不同的恢复操作，我们必须决定最适合业务环境的恢复方法。在数据库中恢复有 3 种类型或方法，即应急（crash）恢复、版本（version）恢复和前滚（rool forward）恢复。

应急恢复用于防止数据库处于不一致或不可用状态。数据库执行的事务（也称工作单元）可能被意外中断，若在作为工作单位一部分的所有更改完成和提交之前发生故障，则该数据库就会处于不一致和不可用的状态。这时，需要将该数据库转换为一致和可用的状态。因此，需要回滚未完成的事务，并完成当发生崩溃时仍在内存中的已提交事务。如果在 COMMIT 语句之前发生了电源故障，则在下一次重新启动并再次访问该数据库时，需要回滚到执行 COMMIT 语句前的状态。回滚语句的顺序与最初执行时的顺序相反。

版本恢复指的是使用备份操作期间创建的映像来复原数据库的先前版本。这种恢复是通过使用一个以前建立的数据库备份恢复一个完整的数据库。一个数据库的备份允许用户把数据库恢复至和这个数据库在备份时完全一样的状态。而从备份建立后到日志文件中最后记录的所有工作事务单位将全部丢失。

前滚恢复是版本恢复的一个扩展，使用完整的数据库备份和日志相结合，可以使一个数据库或被选择的表空间恢复到某个特定时间点。如果从备份时刻起到发生故障时的所有日志文件都可以获得，则可以恢复到日志上涵盖到的任意时间点。前滚恢复需要在配置中被明确激活才能生效。

对于数据库恢复，国外有很多此类优秀的软件，其中，Stellar Phoenix 与 Kernel 的产品多为常用，这两款软件的功能强大、操作方便。但对于国内普通数据恢复技术员或初学者而言，工具的功能强大、操作的方便根本无从谈起，原因是这两款软件官方均未提供中文语言包，这就使很多初学者或不懂得外文的用户很被动。服务器恢复中心可以在保持原数据库结构的状态下修复数据库，修复后的数据库能完美地在软件上使用。

数据库被误删除又重新安装后，仍有少量数据会被新数据覆盖，例如数据库在 C 盘（系统盘）进行误克隆、误格式化等操作后数据库用恢复软件都是无法恢复的，即使恢复了出数据库文件，绝大部分也不能正常使用，因为数据库是经常进行添加、修改数据的，数据库文件在硬盘上是不连续存储的，其上存在大量的数据库碎片分散分布，普通软件恢复依靠文件分配表或文件头等相关信息来恢复，一旦这些信息损坏，就只能按文件头恢复，对于分散分布的数据库文件，也就无能为力了。

只有把这些分散分布的数据库碎片收集起来，再通过碎片 ID 把数据串起来，重组出数据库文件，在没有覆盖或少量覆盖的情况下重组出来的数据库便可直接使用，当碎片丢失较多时，再用自主开发的数据库修复工具修复数据库。

8.4　恢复策略

8.4.1　事务故障的恢复

事务故障指的是事务在运行至正常终止点之前被强制终止。

恢复方法是由恢复子系统利用日志文件对此事务已对数据库进行的修改进行撤销。事务故障的恢复由系统自动完成，对用户是透明的，无须用户干预。

事务故障的恢复步骤如下。

（1）反向扫描日志文件（即从最后向前扫描日志文件），查找该事务的更新操作。

（2）对该事务的更新操作执行逆操作，即将日志记录中的"更新前的值"写入数据库。对于插入操作，如果"更新前的值"为空，则相当于执行删除操作；对于删除操作，如果"更新后的值"为空，则相当于执行插入操作；对于修改操作，执行逆操作则相当于用修改前的值代替修改后的值。

（3）继续反向扫描日志文件，查找该事务的其他更新操作，并进行同样的处理。

（4）如此处理下去，直至读到此事务的开始标记，事务故障恢复就完成了。

8.4.2　系统故障的恢复

系统故障造成数据库处于不一致状态的原因：未完成事务对数据库的更新可能已写入数据库、已完成事务对数据库的更新可能还留在缓冲区没来得及写入数据库。

系统故障的恢复方法如下。

（1）撤销（UNDO）未完成的事务，以恢复到故障发生前的状态。

（2）重做（REDO）已完成的事务，以确保数据库更新的完整性。

系统故障的恢复由系统在重新启动时自动完成，无须用户干预。

系统故障的恢复步骤如下。

（1）正向扫描日志文件（即从头扫描日志文件），找出在故障发生前已经提交的事务（这些事务既有 BEGIN TRANSACTION 记录，也有 COMMIT 记录），将其事务标识记入重做队列。同时找出故障发生时尚未完成的事务（这些事务只有 BEGIN TRANSACTION 记录，无相应的 COMMIT 记录），将其事务标识记入撤销队列。

（2）对撤销队列事务进行撤销处理，反向扫描日志文件，对每个撤销事务的更新操作执行逆操作，即将日志记录中"更新前的值"写入数据库。

（3）对重做队列事务进行重做处理，正向扫描日志文件，对每个重做事务重新执行登记操作，即将日志记录中"更新后的值"写入数据库。

8.4.3　介质故障的恢复

介质故障是指由于各种原因引起的数据库数据文件、控制文件或重做日志文件的损坏，导致系统无法正常运行。例如，磁盘损坏导致文件系统被破坏。这就需要数据库管理员提前做好数据库的备份，否则将导致数据库无法恢复。

介质故障的恢复步骤如下。

（1）装入最新的后备数据库副本（离故障发生时刻最近的转储副本），使数据库恢复到最近一次转储时的一致性状态。对于静态转储的数据库副本，装入后数据库即处于一致性状态；对于动态转储的数据库副本，还须同时装入转储时刻的日志文件副本，利用恢复系统故障的方法（即 REDO+UNDO），才能将数据库恢复到一致性状态。

（2）装入有关的日志文件副本（转储结束时刻的日志文件副本），重做已完成的事务。首先扫描日志文件，找出故障发生时已提交的事务标识，将其记入重做队列。然后正向扫描日志文件，对重做队列中的所有事务进行重做处理，即将日志记录中"更新后的值"写入数据库。

介质故障的恢复需要数据库管理员介入，其工作是重装最近转储的数据库副本和有关的各日志文件副本、执行系统提供的恢复命令。具体的恢复操作仍由 DBMS 完成。

知识拓展 >>>

数据库故障的预防措施主要包括以下几个方面。

1. 硬件故障的预防措施

使用高质量的硬件设备，如可靠的硬盘和电源供应器，以减少物理故障的发生。定期进行硬件检查和维护，确保硬件设备的正常运行。

2. 软件错误的预防措施

定期更新操作系统、数据库管理软件和相关驱动程序，以修复已知的安全漏洞和软件错误。对数据库软件进行合理的配置和优化，避免软件冲突和配置问题。

3. 人为错误的预防措施

限制对数据库的访问权限，仅授权给受信任的用户，防止未经授权的数据修改和删除。对数据库管理员进行定期培训，提高其操作技能和安全意识，降低误操作的可能性。

4. 数据备份与恢复策略

定期制订备份计划，并确保备份的频率适当，以防止数据丢失。备份文件应存储在安全的位置，最好是远离原始数据库服务器的异地存储，以防灾害等意外情况导致数据无法恢复。定期验证备份文件的可用性，确保在需要时能够成功恢复数据。

5. 安全防护措施

安装和定期更新杀毒软件、防火墙等安全防护措施，以减少病毒和恶意软件对数据库的影响。对网络连接进行严格的安全配置，防止未经授权的访问和攻击。

8.5 具有检查点的恢复技术

1. 问题的提出

在系统恢复过程中，存在以下两个问题需要解决。

（1）搜索整个日志将耗费大量的时间。

（2）重做处理需要重新执行，导致大量时间的浪费。

这些问题可以通过引入具有检查点的恢复技术来解决。

2. 解决方案

为了解决上述问题，可以采取以下措施。

（1）在日志文件中增加检查点记录。

（2）增加重新开始文件。

（3）恢复子系统在记录日志文件期间动态地维护日志。

重新开始文件和具有检查点记录的日志文件的基本工作流程如图 8.1 所示。

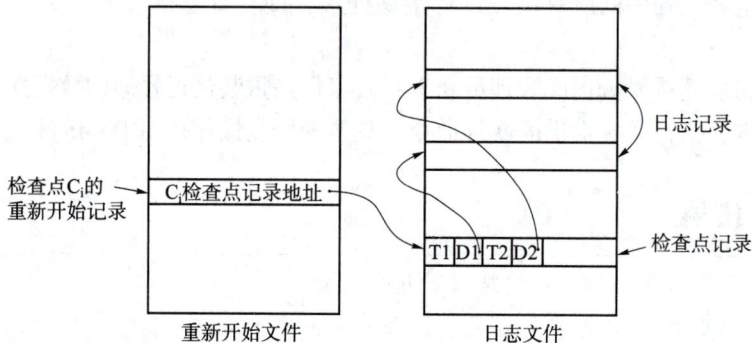

图 8.1　重新开始文件和具有检查点记录的日志文件的基本工作流程

3. 检查点技术

检查点记录的内容包括：建立检查点时刻所有正在执行的事务清单；这些事务最近一条日志记录的地址。

重新开始文件的内容包括：各个检查点记录在日志文件中的地址。

通过引入具有检查点的恢复技术，可以提高系统恢复的效率，减少搜索时间，避免重复执行操作，从而提升系统的可靠性和效率。

动态维护日志文件的方法包括周期性地执行以下操作：建立检查点、保存数据库状态。具体步骤如下。

（1）将当前日志缓冲区中的所有日志记录写入磁盘的日志文件。

（2）在日志文件中写入一个检查点记录。

（3）将当前数据缓冲区的所有数据记录写入磁盘的数据库。

（4）将检查点记录在日志文件中的地址写入一个重新开始文件。

恢复子系统可以定期或不定期地建立检查点来保存数据库状态。可以按照预定的时间间隔定期建立检查点，例如，每隔 1 h 建立一个检查点；可以根据某种规则不定期地建立检查点，例如，当日志文件已写满一半时建立一个检查点。

利用检查点的恢复策略可以提高系统恢复的效率。当事务 T 在一个检查点之前提交时，T 对数据库所做的修改已经写入数据库，即写入时间是在这个检查点建立之前或在这个检查点建立之时。在进行恢复处理时，就没有必要对事务 T 执行重做操作，从而提高了系统恢复的效率。

这种动态维护日志文件的方法和利用检查点的恢复策略，可以有效地提高数据库系统的性能和可靠性，同时减少恢复过程中的时间和资源消耗。

【例 8.1】　在数据库系统中，假设有以下事务（如图 8.2 所示）。

T1：在检查点之前提交。

T2：在检查点之前开始执行，在检查点之后、故障点之前提交。

T3：在检查点之前开始执行，在故障点时还未完成。

T4：在检查点之后开始执行，在故障点之前提交。

T5：在检查点之后开始执行，在故障点时还未完成。

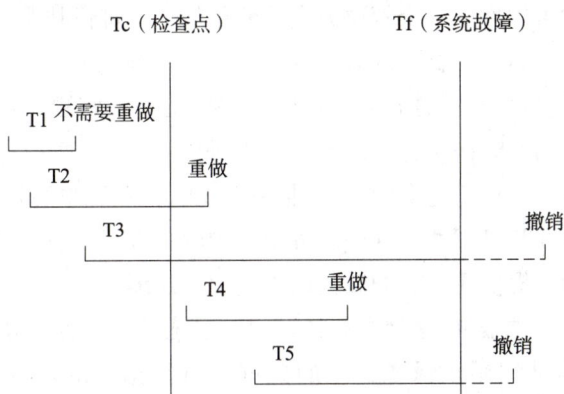

图 8.2　恢复子系统采取的不同策略

（1）恢复策略。

T3 和 T5 在故障发生时还未完成，因此需要撤销。

T2 和 T4 在检查点之后才提交，它们对数据库所做的修改在故障发生时可能还在缓冲区中，尚未写入数据库，因此需要重做。

T1 在检查点之前已提交，因此不需要重做。

（2）恢复步骤如下。

①从重新开始文件中找到最后一个检查点记录在日志文件中的地址，由该地址在日志文件中找到最后一个检查点记录。

②由该检查点记录得到检查点建立时刻所有正在执行的事务清单，将其放入一个名称为 ACTIVE-LIST 的队列。

③建立两个事务队列：UNDO-LIST 和 REDO-LIST。将 ACTIVE-LIST 暂时放入 UNDO-LIST，REDO-LIST 暂为空。

④从检查点开始正向扫描日志文件，直到日志文件结束。对于每个事务的日志记录：

如果有新开始的事务 Ti，则将 Ti 暂时放入 UNDO-LIST；

如果有提交的事务 Tj，则将 Tj 从 UNDO-LIST 移到 REDO-LIST 中，直到日志文件结束。

⑤对 UNDO-LIST 中的每个事务执行撤销操作。

⑥对 REDO-LIST 中的每个事务执行重做操作。

通过这样的恢复步骤，系统可以有效地根据事务的提交和执行情况，进行相应的恢复操作，保证数据库的一致性和完整性。

8.6 数据库镜像

介质故障是对系统影响最为严重的一种故障,因为它严重影响数据库的可用性。恢复介质故障需要耗费大量时间和资源,因此,为了预防介质故障,数据库管理员必须定期进行数据库转储。

为了提高数据库的可用性,一个解决方案是使用数据库镜像技术,如图8.3所示。数据库镜像是指 DBMS 自动将整个数据库或其中的关键数据复制到另一个磁盘上,并且保证镜像数据与主数据的一致性。每当主数据库更新时,DBMS 会自动将更新后的数据复制到镜像数据库上,从而实现数据的实时同步,如图8.3(a)所示。

通过数据库镜像技术,即使主数据库发生介质故障,系统也可以立刻切换到镜像数据库,保证数据库的连续性和可用性。这种高可用性的解决方案可以有效应对介质故障对数据库系统产生的严重影响,提供更可靠的数据保护和业务连续性。

当出现介质故障时,数据库镜像技术可以确保系统的连续性。镜像磁盘可以继续提供服务,同时 DBMS 会自动利用镜像磁盘上的数据进行数据库的恢复,而无须关闭系统或重新安装数据库副本,如图8.3(b)所示。这种无缝的恢复过程保证了系统的稳定性和可用性。

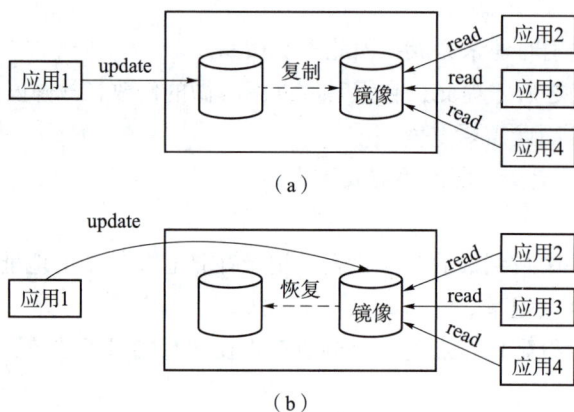

图 8.3 数据库镜像

(a)数据的实时同步;(b)数据库的恢复

此外,数据库镜像技术还可以支持并发操作。例如,当一个用户对数据加排他锁并进行数据修改时,其他用户可以在不影响主数据库的情况下读取镜像数据库上的数据,而无须等待该用户释放锁。这种对并发操作的支持提高了系统的响应速度和提升了用户体验。

然而,频繁地复制数据可能会降低系统的运行效率。因此,在实际应用中,用户往往会选择对关键数据和日志文件进行镜像,而不是对整个数据库进行镜像。这样可以在一定程度上提高系统的运行效率,同时确保关键数据的安全性和可用性。

| 8.7　小结 |

本章主要介绍了数据库系统中常见的故障的种类及数据库恢复中经常使用的技术和基本原理。故障的种类包括事务故障、系统故障、介质故障和计算机病毒故障。事务故障是指由于事务执行错误或并发控制导致的故障；系统故障是指由于硬件或软件故障导致的系统崩溃；介质故障是指数据库存储介质发生损坏或丢失数据的情况；计算机病毒故障是指由于恶意软件的侵袭或运行导致计算机系统出现的问题。

在数据库恢复过程中，数据库管理员通常会使用数据库转储和登记日志文件等技术来进行数据库恢复。这些技术可以帮助数据库系统在发生故障后快速恢复到正常状态。恢复的基本原理是利用存储在后备副本、日志文件和数据库镜像中的冗余数据来重建数据库。事务不仅是恢复的基本单位，也是并发控制的基本单位，因此，在恢复过程中需要特别关注事务的一致性和完整性。

通过对本章的学习，我们深入了解了数据库系统中常见的故障的种类及数据库恢复过程中使用的技术和基本原理，这将有助于我们更好地管理和维护数据库系统，确保其高可用性和稳定性。

拓展阅读

1. 吴刚，阿卜杜热西提·热合曼，李梁，等. NUMA 架构下数据热度的内存数据库日志恢复技术［J］. 计算机科学与探索，2019，13（06）：941-949.

2. 周晓云，覃雄派. 基于网络内存的内存数据库高效恢复技术［J］. 系统工程理论与实践，2011，31（S2）：81-87.

3. 娄燕飞，杨树强，李爱平，等. 一种复制数据库恢复协议研究［J］. 计算机工程与科学，2008（08）：100-104.

4. 韦中伟，陈海涛，王强，等. 支持数据库访问的进程检查点技术研究与实现［J］. 计算机工程与科学，2011，33（08）：84-88.

5. 高国柱，刘乃嘉，冯珂，等. 基于备份与恢复技术的 Oracle 备用数据库的研究与实现［J］. 实验技术与管理，2009，26（12）：84-87.

习　题

一、单项选择题

1. 若系统在运行过程中，由于某种硬件故障，存储在外存储器上的数据部分损失或全部损失，这种情况称为（　　）。

A. 介质故障　　　　B. 运行故障　　　　C. 系统故障　　　　D. 事务故障

2. 在 DBMS 中，实现事务持久性的子系统是（　　）。

A. 安全管理子系统　　　　　　　　B. 完整性管理子系统

C. 并发控制子系统　　　　　　　　D. 恢复子系统

3. 后备副本的作用是（　　）。

A. 保障安全性　　　B. 一致性控制　　　C. 故障后的恢复　　　D. 数据的转储

4. 事务日志用于保存（　　　）。

A. 程序运行过程　　　　　　　　　B. 程序的执行结果

C. 对数据的更新操作　　　　　　　D. 对数据的查询操作

5. 数据库恢复的基础是利用转储的冗余数据，这些转储的冗余数据包括（　　　）。

A. 数据字典、应用程序、数据库后备副本

B. 数据字典、应用程序、审计档案

C. 日志文件、数据库后备副本

D. 数据字典、应用程序、日志文件

二、简答题

1. 登记日志文件为什么必须先写日志文件，后写数据库？

2. 在系统故障的恢复策略中，为什么撤销处理反向扫描日志文件，重做处理正向扫描日志文件？

3. 说明恢复系统是否可以保证事务的原子性和持久性。

三、综合题

考虑表8.2所示的日志记录。

表8.2　日志记录

序号	日志	序号	日志
1	T1：开始	13	检查点
2	T1：写A	14	T7：开始
3	T2：开始	15	T3：提交
4	T2：写B	16	T4：回滚
5	T3：开始	17	T5：写B
6	T1：提交	18	T8：开始
7	T2：回滚	19	T6：写A
8	T3：写C	20	T6：提交
9	T4：开始	21	T8：写A
10	T4：写A	22	T8：提交
11	T5：开始	23	T7：写C
12	T6：开始		

（1）如果系统故障发生在23之后，系统如何进行恢复？

（2）如果系统故障发生在19之后，系统如何进行恢复？

习题答案

参考文献

[1] 王珊, 萨师煊. 数据库系统概论 [M]. 5 版. 北京: 高等教育出版社, 2014.

[2] 李俊逸, 王卓, 马鹏玮. 图数据库技术发展趋势研究 [J]. 信息通信技术与政策, 2021, 47 (05): 67-72.

[3] 陈志泊, 许福, 韩慧, 等. 数据库原理及应用教程 [M]. 北京: 人民邮电出版社, 2017.

[4] 董兆安. 关系代数表达式的一般写法 [J]. 计算机教育, 2009 (04): 118-119.

[5] 王珊, 张俊. 数据库系统概论 (第 5 版) 习题解析与实验指导 [M]. 北京: 高等教育出版社, 2015.

[6] 李晓峰, 郭伊, 闫衍. 基于 C/S 架构的 SQL 数据库技术研究 [J]. 网络安全和信息化, 2024 (02): 83-85.

[7] 刘金岭, 冯万利, 周泓. 数据库原理及应用实验与课程设计指导: SQL Server 2012 [M]. 北京: 清华大学出版社, 2017.

[8] 马楠. 数据库系统的智能应用 [M]. 北京: 中国铁道出版社, 2022.

[9] 孟凡荣, 闫秋艳. 数据库教学中关系规范化理论的研究与实现 [J]. 现代计算机 (专业版), 2019 (03): 66-69+73.

[10] 熊婧, 廉建芳, 杨攀飞. 关系型数据库性能测试技术研究 [J]. 计算机仿真, 2024, 41 (04): 494-499.

[11] 寇峰, 包萍. 关于数据库中用户需求信息准确选择仿真 [J]. 计算机仿真, 2018, 35 (11): 370-374.

[12] Bagui S S, Earp W R. Database Design Using Entity-Relationship Diagrams [M]. Boca Raton: CRC Press, 2022.

[13] 郝娉婷, 胡亮, 姜婧妍, 等. 基于多管理节点的乐观锁协议 [J]. 吉林大学学报 (工学版), 2017, 47 (01): 227-234.

[14] 杨杰, 谭道军, 邵金侠. 云计算中存储数据安全性研究 [J]. 重庆邮电大学学报 (自然科学版), 2019, 31 (05): 710-715.

[15] 徐艳, 董涛. 大规模数据库实时自主存取控制方法研究 [J]. 科学技术与工程, 2017, 17 (13): 205-209.

[16] 郭东, 杜勇, 胡亮. 基于 HDFS 的云数据备份系统 [J]. 吉林大学学报 (理学版), 2012, 50 (01): 101-105.

[17] 史英杰, 王远, 朱恒, 等. 一种实时数据库备份恢复方法 [J]. 计算机应用, 2016, 36 (S1): 54-57.

[18] 邓秀辉, 李民, 方惠. 基于分布式集群高可用管理信息系统设计 [J]. 制造业自动化, 2022, 44 (07): 43-45+122.